KB004685

14살에 시작하는
처음 천문학

14살에 시작하는

처음 천문학

1판 1쇄 발행일 2019년 7월 4일 1판 2쇄 발행일 2021년 9월 28일

글쓴이 곽영직 | 펴낸곳 (주)도서출판 북멘토 | 펴낸이 김태완

편집장 이은아 | 편집 장종진, 김정숙, 조정우 | 디자인 책은우주다, 안상준 | 마케팅 최창호, 민지원

출판등록 제6-800호(2006. 6. 13.)

주소 03990 서울시 마포구 월드컵북로6길 69(연남동 567-11) IK빌딩 3층

전화 02-332-4885 팩스 02-6021-4885

bookmentorbooks__ bookmentorbooks bookmentorbooks@hanmail.net

ISBN 978-89-6319-308-3 43440

「이 도서의 국립중앙도서관 출판시도서목록(CIP)은 서지정보유통지원시스템 홈페이지(http://seoji.nl.go.kr)와 국가자료공동목록시스템(http://www.nl.go.kr/kolisnet)에서 이용하실 수 있습니다.(CIP제어번호: CIP2019023757)

★ 청소년을 위한 별과 우주, 천문학 이야기 ★

14살에 시작하는 처음 천문학

곽영직 지음

북멘토

글쓴이의 말

우주 이야기가 주는 감동을 함께 느낄 수 있으면 좋겠다

우주 이야기에는 새로운 지식을 알아 가는 즐거움 이상의 감동이 있다. 이 책을 쓰는 동안 가장 마음을 쓴 것은 어떻게 하면 우주가 주는 감동을 독자들과 같이 느낄 수 있을까 하는 것이었다. 특히 새롭게 자신과 우주에 대해 관심을 가지기 시작하는 젊은 독자들에게 우주의 신비와 우주에 대한 지식이 주는 즐거움과 감동을 전해 주고 싶었다. 그래서 참으로 열심히 그리고 즐거운 마음으로 이 책을 준비했다.

2500년 전 철학과 과학이 시작된 이래 철학자와 과학자의 가장 큰 관심사는 우주였다. 우주는 어떻게 구성되어 있으며, 어떻게 운행되고 있을까? 우주는 어떻게 시작되어, 어떻게 끝날까? 우주에서 나는 어떤 의미를 가지는 것일까? 천체 관측과 논리적이고 수학적인 분석을 통해 인류는 지난 2000년 동안 이런 질문에 대해 많은 답을 찾아냈다. 태양계가 어떻게 구성되어 있으며, 천체 사이에 어떤 힘이 작용하는지, 태양계 밖에 넓은 별 세계가 있다는 것을 알아냈다.

그러나 우주의 구조와 기원을 제대로 이해하기 시작한 것은 현대 과학이 크게 발전하기 시작한 100년 전부터이다. 지난 100년 동안에 우리는 수천억 개의 별로 이루어진 우리 은하와 우리 은하 밖에 있는 대우주에 대해, 별들의 일생에 대해, 그리고 우주의 시작과 끝에 대해 많은 것을 알아냈다. 그동안 과학자들은 우주에 대한 참으로 감동적인 이야기를 만들어 냈다. 이 책에서는 우주를 이해하기 위한 과학자들의 노력과, 그 결과로 알게 된 우주에 대한 지식을 체계적으로 설명하려고 노력했다. 지구 중심설이 태양 중심설로 바뀌는 과정을 시작으로 태양계 밖의 넓은 별 세계를 이해하여 가는 과정, 우리 은하, 수많은 은하들로 이루어진 대우주의 구조를 밝히는 과정, 별의 일생과 우주의 시작에 대해 이해하는 과정을 쉽고, 재미있으면서도 심도 있게 다루려고 노력했다.

이 책을 읽은 학생들이 우주에서 거리를 재는 다양한 방법을 찾아낸 과학자들에 대한 이야기, 별의 일생과 우주가 어떻게 시작되었는지를 알아낸 과학자들의 이야기를 읽고, 우주에 대해 더 많은 것을 알려는 욕심을 가지게 되었으면 좋겠다. 그리고 아직 그 정체를 제대로 이해하지 못하고 있는 암흑 물질과 암흑 에너지 이야기를 읽으면서 새로운 지식에 대한 도전 정신을 갖게 되었으면 더욱 좋겠다.

저자 곽영직

★ 차례 ★

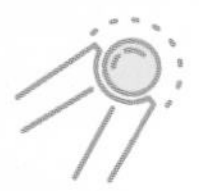

1장

천체는 어떻게 움직일까?

행성은 타원 운동을 한다!

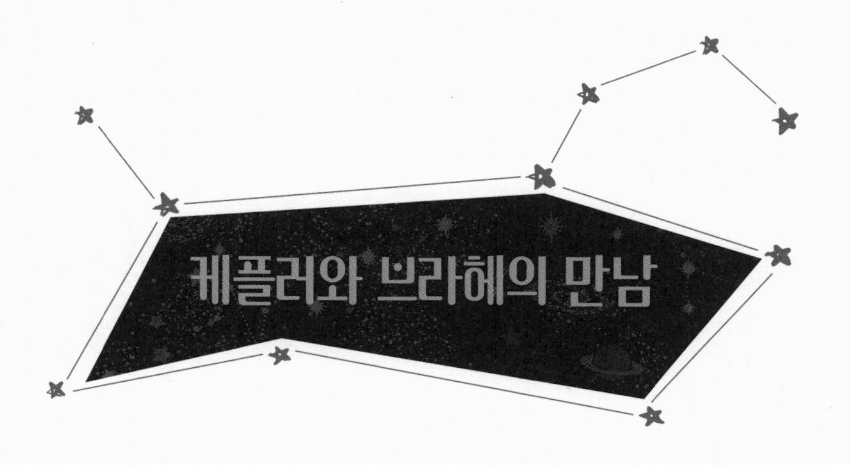

케플러와 브라헤의 만남

튀코 브라헤Tycho Brahe, 1546~1601는 덴마크의 천문학자이다. 그는 덴마크와 스웨덴을 가르는 해협 가운데에 있는 벤섬에 우라니보리 천문대를 세우고 행성들의 운동을 정밀하게 측정했다. 브라헤가 수집한 행성 운동에 관한 관측 자료는 당시에는 가장 정확한 것이었다. 브라헤 자신이 뛰어난 관측 능력을 가지고 있기 때문이기도 하지만, 정밀한 관측 장비를 여러 대 사용하여 오차를 줄였기 때문이기도 했다. 그러나 천문대를 유지하는 데는 돈이 많이 들었다. 프레데릭 2세가 덴마크의 왕으로 있는 동안에는 덴마크 정부가 많은 돈을 지원했기 때문에 별 어려움 없이 천문 관측을 계속할 수 있었다.

프레데릭 2세가 죽은 후 왕이 된 크리스티안 4세가 재정 지원을 중단하자 브라헤는 더 이상 우라니보리 천문대에서 천문 관측을 계속할 수 없었다. 할 수 없이 관측 장비와 그동안 관측한 자료를 가지고 신성로마 제국의 프라하로 가서 분석하는 연구를 시작했다. 그가 프라하에서 새로운 연구를 시작하고 얼마 안 되어 뜻밖의 방문자가 찾아왔다. 독일에서 온 요하네스 케플러Johannes Kepler, 1571~1630였다.

당시 독일은 여러 개의 작은 나라로 나뉘어 서로 다른 영주들이 다스리고 있었다. 1500년대 초부터 독일에서는 가톨릭 교회를 반대하는 개신교가 나타나 갈등이 계속되었다. 개신교 세력이 크게 성장하자 영주 중에 개신교를 받아들이는 사람이 많아졌다. 그러나 일반 시민은 마음대로 종교를 선택할 수 없고, 영주가 선택한 종교를 받아들여야 했다. 영주가 선택한 종교가 마음에 안 드는 사람은 다른 곳으로 떠나야 했다.

케플러가 사는 곳을 다스리는 영주는 가톨릭 교회를 신봉하는 사람이었다. 개신교를 따르는 케플러가 브라헤를 찾은 것은 이 때문이었다. 그때 이미 케플러는 코페르니쿠스의 태양 중심설을 옹호하는 『우주의 신비』라는 책을 써서 이름이 알려진 천문학자였다. 따라서 브라헤는 케플러를 반갑게 맞이했다.

"케플러 선생, 선생에 대한 이야기는 많이 들었어요. 선생이 내 일을 도와준다면 큰 도움이 될 것이오. 같이 일해 봅시다."

"반갑게 맞이해 주셔서 감사합니다. 그런데 제가 무슨 일을 해야 합니까?"

"내가 지난 20년 동안 행성들의 운동을 자세하게 관측한 자료를 분석하는 일을 하게 될 것입니다. 그것은 세상을 바꿔 놓는 엄청난 일이 될 거예요."

■ — 케플러(왼쪽)와 브라헤(오른쪽)

"자료를 분석하는 일이라면 누구보다 잘할 수 있습니다. 열심히 하겠습니다. 그런데 선생님은 태양계가 어떻게 운동하고 있다고 생각하십니까?"

"모든 행성이 지구 주위를 돌고 있다고 주장하는 이도 있고, 태양 주위를 돌고 있다고 주장하는 이도 있는데, 나는 둘 다 틀렸다고 생각합니다. 내가 보기에 모든 행성은 태양 주위를 돌고 있고, 태양은 다시 지구를 중심으로 돌고 있는 것이 확실해요. 그러니까 케플러 선생이 내가 수집한 관측 자료를 분석해서 내 생각이 옳다는 것을 증명해 주면 좋겠어요. 나는 관측하는 일이라면 자신이 있는데 분석하고 계산하는 일은 골치가 아파서……."

이 이야기를 들은 케플러는 아무 대답도 하지 않았다. 그는 지구를 비롯한 모든 행성이 태양 주위를 돌고 있다는 코페르니쿠스의 생각이 옳다고 믿고 있었다. 따라서 케플러는 브라헤의 자료를 이용하여 코페르니쿠스의 태양 중심설이 옳다는 것을 증명해 보이겠다고 마음먹었다. 브라헤는 이런 케플러의 속셈을 눈치채기라도 한 것처럼 한 마디 덧붙였다.

"하지만 케플러 선생, 내 관측 자료는 매우 중요한 것이어서 한꺼번에 다 보여 줄 수는 없으니까 그리 아세요. 그때그때 계산에 필요한 자료를 줄 테니까 그것을 이용하여 내가 시키는 계산만 하면 됩니다."

"아, 알겠습니다. 그렇게 하겠습니다."

케플러는 크게 실망했지만 그렇게 대답하지 않을 수 없었다. 이렇게 해서 브라헤와 케플러의 불편한 동거가 시작되었다. 서로 다른 생각을 품은 두 사람의 만남이 어떤 결과를 가져왔을까? 그리고 그것은 새로운 천문학, 새로운 과학을 탄생시키는 데 어떤 역할을 했을까?

천체들의 복잡한 운동

해는 아침에 동쪽에서 뜨고, 시간이 흐르면서 하늘 높이 올라갔다가 저녁이 되면 서쪽으로 진다. 달도 동쪽에서 떠오르고 서쪽으로 진다. 그런가 하면 밤하늘에 보이는 별들도 동쪽에서 떠서 서쪽으로 진다. 마치 태양과 달과 별들이 하루에 한 바퀴씩 지구 주변을 돌고 있는 것처럼 보인다.

이렇게 태양과 달, 별들이 하루에 한 바퀴씩 도는 것을 '일주 운동'이라고 한다. 일주 운동은 하루를 주기로 일어나는 운동이라는 뜻이다. 일주 운동은 왜 생길까?

그런데 조금 더 자세하게 살펴보면 달이나 별자리가 떠오르는 시각이 매일 달라지는 것을 알 수 있다. 태양이 매일 거의 같은 시각에 뜨고 지는 것과 달리 달은 동쪽에서 떠오르는 시각이 매일 50분 정도씩 늦어진다.

그러나 별자리들은 매일 3분 56초씩 빨리 떠오른다. 오늘 9시에 남쪽 하늘에 보이는 별자리가 내일은 8시 56분 4초에 그 자리에 온다. 따라서 한 달 후에는 약 두 시간 정도 일찍 그 자리에 오고, 석 달 후에는 약 6시간 일찍 그 자리에 온다. 계절에 따라 밤하늘에 보이는 별자리가 달라지는 것은 이 때문이다. 1년이 지나면 같은 별자리가 같은 시각에 떠오른다. 이렇게 밤하늘 별자리들의 위치가 1년을 주기로 달라지는 것을 '연주 운동'이라고 한다. 연주 운동은 1년을 주기로 일어나는 운동이라는 뜻이다.

그런데 태양과 달, 별자리 외에도 하늘을 움직여 가는 천체가 또 있다. 수성, 금성, 화성, 목성, 토성이 그들이다. 맨눈으로도 관측이 가능한 이 다섯 개의 천체를 고대인은 떠돌이별이라는 뜻으로 행성이라고 불렀다. 행성도 별자리를 따라 동쪽에서 떠서 서쪽으로 지지만 매일 위치가 달라진다. 행성은 매우 복잡한 방법으로 별자리 사이를 움직인다. 수성과 금성은 항상 태양 가까이에만 있기 때문에 태양이 떠오르기 전이나 태양이 진 후에 잠시만 보인다. 화성은 한 달에 한 별자리를 움직여 가기도 하지만, 어떤 때는 오던 길을 뒤돌아 가기도 한다. 목성이나 토성은 아주 천천히 움직인다. 목성은 한 별자리를 움직여 가는 데 약 1년 정도가 걸리며, 토성은 이보다도 더 느리다.

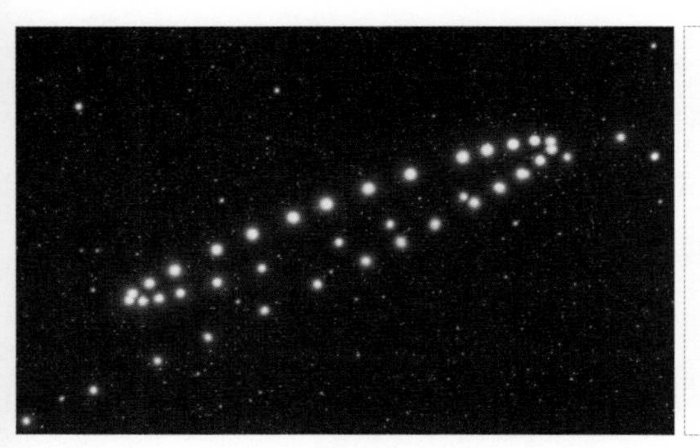

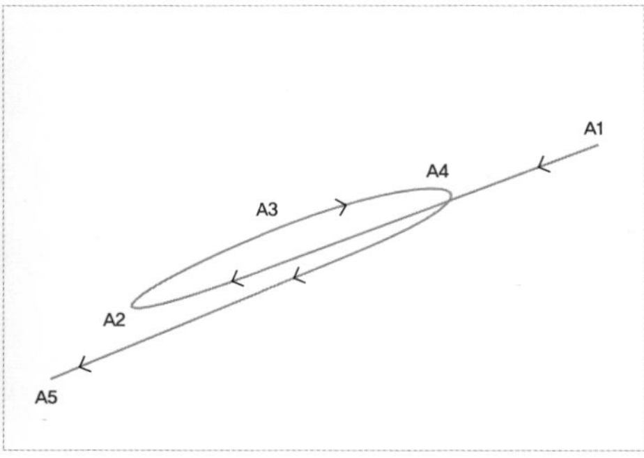

■ 지구에서 바라본 화성의 위치. 2009~2010년 게자리 부근을 지나는 화성이 마치 거꾸로 가는 것처럼 보인다. 화성뿐만 아니라 목성이나 토성도 이런 운동을 한다.

태양과 달, 별자리가 매일 동쪽에서 떠서 서쪽으로 지는 일주 운동, 매일 별자리가 떠오르는 시간이 조금씩 빨라져 1년 만에 제자리에 돌아오는 연주 운동, 행성들의 복잡한 운동은 왜 일어날까? 어떤 법칙이 작용하고 있는 것일까?

천문학은 고대인이 우리 눈에 보이는 이런 천체들의 운동을 체계적으로 설명하려고 시도하면서 시작되었다.

고대 그리스의 지구 중심설

고대인은 신이 천체들을 통해 개인이나 나라의 운명을 알려 준다고 생각했다. 별자리와 행성들의 위치를 이용하여 개인이나 나라의 운명을 미리 알아보려는 것이 점성술이다. 과학이 발전하기 전에는 점성술이 매우 중요하였다. 점성술사는 미래의 운명을 좀 더 정확하게 알아내기 위해 천체의 운동을 자세하게 관측했다. 수천 년 동안 천체의 운동에 대한 관측 자료가 쌓이자 이 자료를 바탕으로 천체의 운동을 과학적으로 설명하려는 사람이 나타나기 시작했다.

고대 천문학인 지구 중심설을 완성한 사람은 이집트의 알렉산드리아 지방에서 2세기경에 활동한 프톨레마이오스이다. 프톨레마이오스는 오랫동안 축적되어 온 자료와 고대 과학을 바탕으로 천체들의 운동을 수학적으로 설명하려고 하였다.

고대 과학은 고대 그리스의 아리스토텔레스가 기초를 마련했다. 그는 천체가 속력이 일정한 원운동을 한다고 주장했다. 사람이 살아가는 지상과 달리 모든 것이 완전한 하늘에서는 완전한 운동인 원운동만 가능하며, 변화도 일어나지 않는다. 그리고 천체가 완전한 운동인 원운동을 하는 데는 외부에서 힘을 가해 줄 필요가 없다고 했다. 아리스토텔레스 이후의 학자들은 오랫동안 그의 설명을 그대로 받아들였다.

■ — 바빌로니아의 핼리 혜성 관측 기록(기원전 164년).

프톨레마이오스는 지구가 우주의 중심에 정지해 있고, 태양과 달, 별들이 고정되어 있는 천구가 지구 주위를 돌고 있다는 아리스토텔레스의 생각을 바탕으로 하여 일주 운동과 연주 운동, 행성들의 복잡한 운동을 설명하려 하였다. 그러나 앞으로 가다 뒤로 가기도 하고, 속력이 빨라졌다 느려지기도 하는 행성의 운동을 설명하는 것은 쉬운 일이 아니었다.

행성이 지구 주위를 일정한 속력으로 돈다고 해서는 행성의 복잡한 운동을 설명할 수 없다. 그래서 그는 여러 개의 원운동을 조합하여 행성의 운동을 설명하였다. 다시 말해 행성이 직접 지구 주위

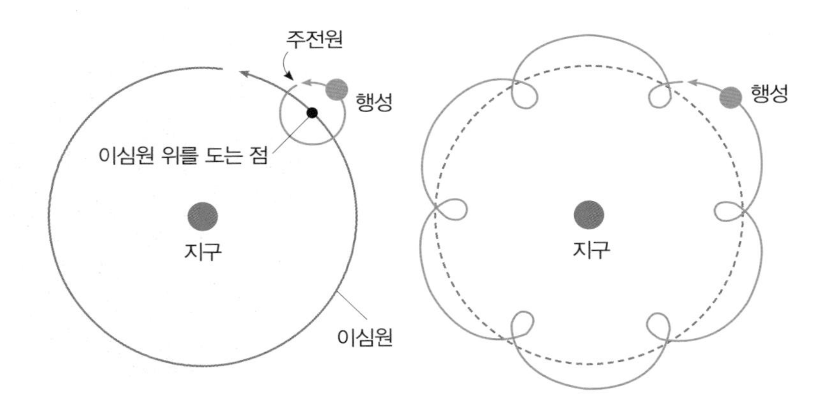

■ 프톨레마이오스는 두 개의 원운동을 조합하여 행성의 복잡한 운동을 설명하였다.

를 도는 것이 아니라 지구 주위의 큰 원 위를 움직여 가는 어떤 점을 중심으로 돌면서 지구 주위를 돈다는 것이다. 이때 큰 원을 이심원이라고 하고, 작은 원을 주전원이라고 한다.

프톨레마이오스는 관측 자료를 이용하여 이심원과 주전원의 반지름과 행성의 속력을 결정했다. 프톨레마이오스의 이러한 시도는 큰 성공을 거두었다. 그는 지구 중심설을 이용하여 태양·달·행성의 위치를 상당히 정확하게 예측했다. 그는 일식과 월식을 예측하는 데 성공했고, 행성이 언제 어느 별자리에 올 것인지를 약간의 오차 범위 안에서 알아내는 데 성공했다.

수천 년 동안 비밀에 싸여 있던 천체 운동의 비밀이 모두 해결된 것 같았다. 기독교가 로마의 국교가 된 후 서유럽에서 그리스 과학을 가르치는 것이 금지되자 프톨레마이오스가 쓴 책은 아랍에 전해져 아랍어로 번역되었다. 천체의 운동을 수학적으로 정확하게 설명한 이 책을 본 아랍의 학자들은 이 책을 가장 위대한 책이라는 뜻에서 『알마게스트』라고 불렀다. 10세기 이후에 이 책은 다시 서유럽에 전해졌는데 유럽 사람들은 천체의 운동을 좀 더 정확하게 이해하기 위해 이 책을 열심히 공부했다.

지구 중심설을 잘못된 학설이라고 생각하는 사람이 많지만 사실은 최초의 매우 과학적이고 수학적인 천문학 체계였다. 문제는 천체의 운동을 여러 개의 원운동을 조합하여 설명하다 보니 매우 복잡하다는 것이다. 관측 기술이 발달하면서 더 정밀한 관측 자료를 수집할 수 있게 되자, 더 정확하게 천체 운동을 설명하기 위해 점점 더 많은 원운동을 조합하게 되어 갈수록 복잡해졌다.

코페르니쿠스의 태양 중심설

복잡한 프톨레마이오스의 지구 중심설에 반대하여 태양계 천체들의 운동을 좀 더 간단하게 설명할 수 있는 새로운 천문 체계를 고안한 사람은 폴란드의 니콜라스 코페르니쿠스Nicolas Copernicus, 1473~1543이다. 신학과 의학을 공부하고, 교회의 직원으로 근무하던 코페르니쿠스는 시간이 날 때마다 천체를 관측하면서 천문학을

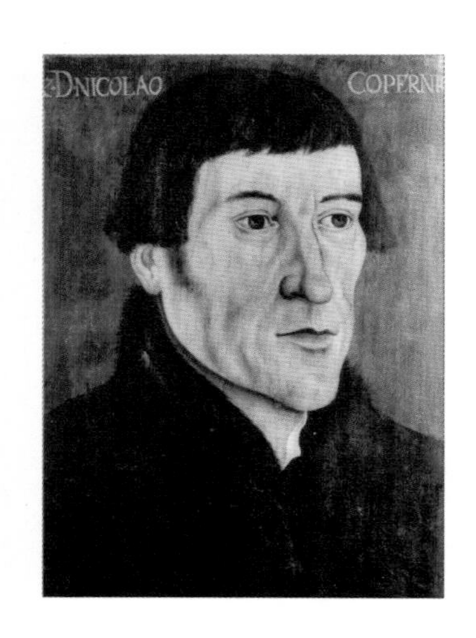

■ – 코페르니쿠스

연구했다. 그가 보기에 프톨레마이오스의 지구 중심설은 너무 복잡하여 마치 누더기처럼 기운 것 같았다. 그는 전능한 하느님이 세상을 이렇게 복잡하게 만들었을 리가 없다고 생각했다.

코페르니쿠스는 지구가 우주 중심에 정지해 있고, 다른 천체들이 지구 주위를 도는 대신 태양이 우주 중심에 정지해 있고, 지구를 비롯한 다른 천체들이 태양 주위를 돌고 있다고 하면 천체의 운동을 훨씬 간단하게 설명할 수 있지 않을까 하는 생각을 하였다. 이런 생각은 코페르니쿠스가 처음은 아니었다. 프톨레마이오스가 지구 중심설을 세우기 훨씬 전에도 이런 생각을 하는 사람이 있었다. 그러나 우리가 살고 있는 지구가 빠른 속력으로 태양 주위를 돌고 있다는 생각을 쉽게 받아들일 수 없었기 때문에 널리 받아들여지지 않았을 뿐이었다.

그러나 코페르니쿠스는 모든 천체가 태양을 중심으로 도는 천문 체계를 발전시켜 갔다. 모든 천체가 지구가 아니라 태양 주위를 돈다고 주장하는 것만으로는 태양 중심설을 제대로 만들었다고 할 수 없다. 태양 중심설이 인정받으려면 행성들이 태양에서 얼마나 멀리 떨어진 지점에서 어떤 속력으로 돌고 있는지를 설명해야 하고, 그것을 이용하여 일식과 월식을 예측하고 행성들의 위치를 예측할 수 있어야 한다.

코페르니쿠스는 평생 동안 행성들의 운동을 관측하여 태양 중심설을 완성하고, 그 내용을 정리한 『천체 회전에 관하여』라는 책을 썼다. 이 책은 코페르니쿠스가 죽은 1543년에 출판되었다. 이 책에서 그는 태양이 우주의 중심에 정지해 있고, 별들은 멀리 있는 천구에 고정되어 태양 주위를 돌며, 행성은 태양과 천구 사이에서 서로 다른 속력으로 태양 주위를 돌고 있다고 설명했다. 화성이나 목성, 토성이 어떤 때는 앞으로 가고, 어떤 때는 뒤로 가기도 하는 것은 실제로 그런 것이 아니라 빠르게 태양 주위를 돌고 있는 지구에서 보니까 그렇게 보일 뿐이라고 설명했다.

코페르니쿠스는 모든 천체가 일정한 속력으로 원운동 하고 있다는 아리스토텔레스의 원리는 그대로 받아들였다. 따라서 코페르니쿠스의 태양 중심설은 어느 정도의 오차는 피할 수 없었다. 프톨레마이오스의 지구 중심설보다 간단하다는 장점은 있지만 천체의 운동을 더 정확하게 설명하지는 못했다. 따라서 사람들은 지구가 빠른 속력으로 태양 주위를 돌고 있다는 태양 중심설보다 지구가 정지해 있다고 설명하는 지구 중심설을 더 선호했다. 코페르니쿠스가 제안한 후에도 오랫동안 큰 관심을 보이지 않던 사람들로 하여금 태양 중심설을 받아들이도록 한 사람은 독일의 요하네스 케플러와 이탈리아의 갈릴레오 갈릴레이이다.

뛰어난 관측 천문학자인 브라헤는 자신의 관측 자료를 이용하여 프톨레마이오스의 지구 중심설과 코페르니쿠스의 태양 중심설을 조합한 자신의 천문 체계를 제안했다. 다시 말해 모든 행성들은 태양 주위를 돌고 있고, 태양은 우주의 중심에 정지해 있는 지구 주위를 돌고 있다고 설명한 것이다. 브라헤는 우리가 살아가고 있는 지구가 우주 중심에 정지해 있다는 고정 관념과 코페르니쿠스가 제안한 태양 중심설의 장점을 결합하고 싶었던 것이다. 브라헤가 두 체계를 조합한 천문 체계를 제안하자 많은 사람들이 관심을 보였다. 따라서 오래지 않아 매우 인기 있는 천문 체계가 되었다.

그러나 문제는 행성들이 태양에서 얼마나 멀리 떨어져서 얼마나 빠른 속력으로 돌고 있는지, 그리고 태양은 지구에서 얼마나 멀리 떨어져 얼마나 빠른 속력으로 돌고 있는지는 설명하지 못하고 있었다. 그것은 매우 복잡한 계산이 필요한 작업이었다. 이 문제로 어려움을 겪고 있을 때 케플러가 브라헤를 찾아온 것이다. 브라헤는 케플러의 분석 능력이면 자신의 천문 체계를 쉽게 완성할 수 있을 것이라고 생각했다. 그러나 케플러의 생각은 달랐다. 브라헤의 관측 자료만 있으면 코페르니쿠스의 태양 중심설을 완성하여 오차가 없는 완전한 태양 중심설을 만들 수 있을 것이라고 생각했다. 케플러는 브라헤가 관측 자료를 모두 보여 주지 않는 것이 불만이었지만 그런 내색을 할 수는 없었다.

그러나 케플러의 불만은 쉽게 해결되었다. 만난 지 1년도 되지 않아 브라헤가 병으로 세상을 떠났기 때문이다. 브라헤의 관측 자료를 마음대로 사용할 수 있게 된 케플러는 브라헤의 천문 체계를 버리고 태양 중심설을 완성하는 작업을 시작했다. 케플러는 몇 달이면 행성들의 궤도와 속력을 정확하게 알아낼 수 있을 것이라고 생각했다. 브라헤의 관측 자료가 정확하다는 것을 잘 알고 있었기 때문이다. 하지만 케플러의 예상처럼 순조롭게 일이 진행되지 않았다.

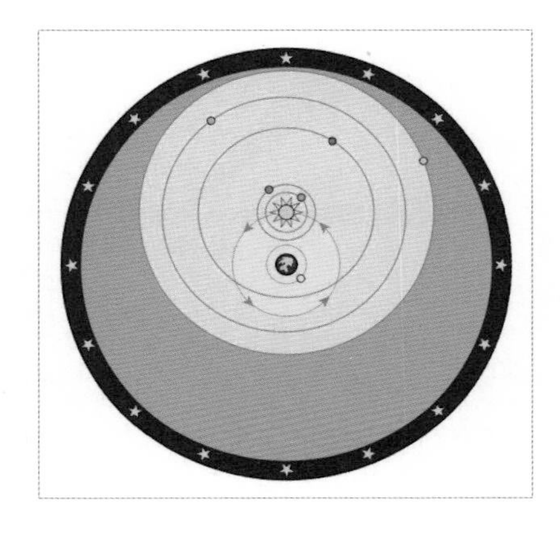

■ — 브라헤는 모든 행성들이 태양을 중심으로 돌고, 태양은 지구를 중심으로 도는 천문 체계를 제안했다.

케플러는 2년 동안이나 브라헤가 남겨 준 관측 자료를 이용하여 수많은 계산을 해 보았지만 화성의 궤도를 알아낼 수가 없었다. 화성이 원 궤도에서 벗어날 뿐만 아니라 속력이 느려졌다 빨라졌다 하는 것처럼 보였다. 아리스토텔레스의 원리에 의하면 그것은 있을 수 없는 일이다. 그렇다고 당시로서는 가장 정밀한 것으로 알려진 브라헤의 관측 자료를 의심할 수도 없다. 케플러는 화성의 궤도를 알아내기 위해서는 생각을 획기적으로 바꿔야 한다는 것을 깨달았다.

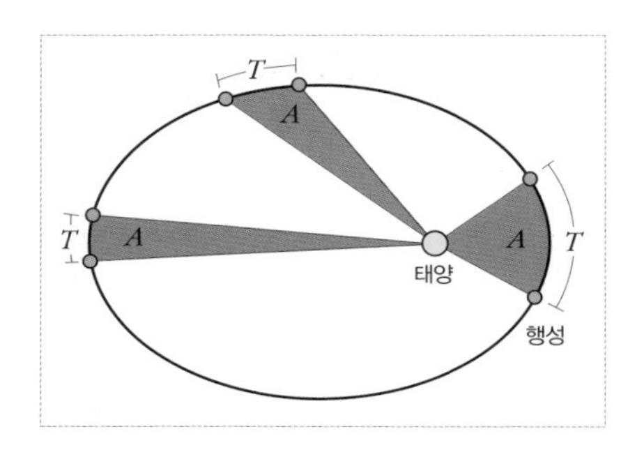

■ 케플러의 행성 운동 제2법칙. 태양과 행성을 잇는 직선이 일정한 시간(T)에 그리는 면적(A)이 같다는 것을 알아냈다. 태양에 가까울수록 속력이 빨라져야 한다.

케플러는 화성의 궤도를 결정하기 위해 2000년 이상이나 진리로 여겨진 '천체는 속력이 일정한 원운동을 해야 한다.'는 아리스토텔레스의 원리를 버리기로 했다. 그동안 누구도 의심 없이 받아들였던 가장 기본적인 원리를 버리는 데는 대단한 용기가 필요했다. 그러나 케플러는 아리스토텔레스의 원리 대신 관측 결과가 보여 주는 사실을 받아들이기로 했다. 그것은 관측 자료와 자신의 분석 결과를 확신하지 않고는 할 수 없는 일이었다.

케플러는 1609년에 화성의 궤도를 분석한 결과를 발표했다. 여기에는 행성 운동 제1법칙과 제2법칙이 포함되어 있다. 행성 운동 제1법칙은 행성은 태양을 한 초점으로 하는 타원 운동을 하고 있다는 것으로 천체는 원운동만을 해야 한다는 이전의 생각을 뒤엎은 것이다. 그리고 행성 운동 제2법칙은 행성이 태양에 가까워지면 속력이 빨라지고, 태양에서 멀어지면 속력이 느려진다는 것이다. 이것은 천체는 항상 일정한 속력으로 운동해야 한다는 생각을 부정한 것이다. 케플러가 발견한 행성 운동 법칙은 2000년 동안 진리라고 생각해 온 고대 과학의 기초를 흔드는 것이다. 따라서 그것은 기존의 과학을 새로운 과학으로 바꾸는 과학 혁명의 시작이었다.

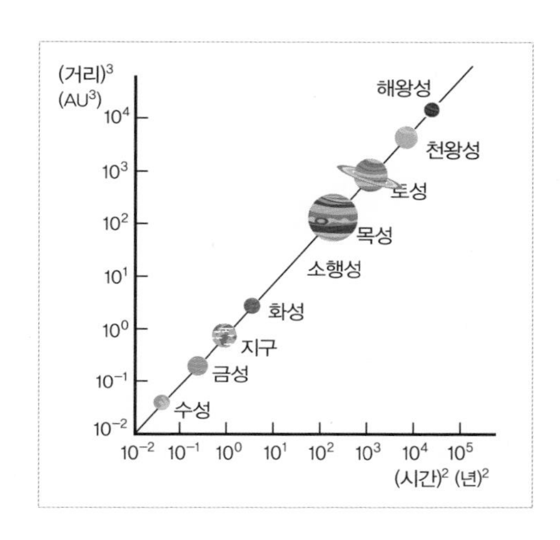

■ – 케플러의 행성 운동 제3법칙.

행성 운동 제1법칙과 제2법칙을 발표한 케플러는 화성의 운동을 더욱 자세하게 분석하여 1618년에 행성 운동 제3법칙을 발표했다. 이 법칙은 행성이 태양을 한 바퀴 도는 데 걸리는 시간의 제곱이 태양에서 행성까지 거리의 세제곱에 비례한다는 것이다. 이것은 행성의 운동을 수없이 정밀하게 분석해서 얻은 결론이다. 행성들은 틀림없이 간단한 수식으로 나타나는 규칙에 따라 운동하고 있을 것이라고 믿었던 케플러는 행성 운동의 세 번째 법칙을 발견하고 매우 좋아했다. 그는 이것을 '조화의 법칙'이라고 불렀다.

조화의 법칙은 훗날 뉴턴이 거리 제곱에 반비례하는 중력의 법칙을 발견하는 데 중요한 역할을 했다. 뉴턴은 수학적 분석을 통해 조화의 법칙이 성립하기 위해서는 태양과 행성 사이에 거리 제곱에 반비례하는 힘이 작용해야 한다는 것을 알아내고 이 힘을 중력이라고 불렀다. 중력 법칙은 운동 법칙과 함께 새로운 과학 시대를 연 중요한 법칙이 되었다.

케플러는 브라헤의 관측 자료를 분석하여 새로운 과학 시대를 여는 데 핵심적인 역할을 한 행성 운동 법칙을 발견한 것이다. 행성 운동 법칙은 오랫동안 진리로 받아들여지던 아리스토텔레스의 원리를 뒤집은 것이고, 코페르니쿠스가 제안한 태양 중심설을 완성하여 행성들의 운동을 올바르게 설명한 것이다. 그러나 여전히 사람들은 우리가 평화롭게 살고 있는 지구가 빠른 속력으로 태양 주위를 돌고 있다는 생각을 받아들이려고 하지 않았다. 지구가 빠르게 달리고 있다면 지구 위에 살고 있는 우리가 그것을 느끼지 못할 리가 없다고 생각했기 때문이다. 그들은 공을 위로 던지면 제자리에 떨어지는 것이 지구가 정지해 있다는 확실한 증거라고 생각했다. 따라서 태양 중심설을 받아들이도록 하기 위해서는 좀 더 확실한 증거가 필요했다.

망원경을 든 갈릴레이

좀 더 확실한 증거를 찾아내어 코페르니쿠스의 태양 중심설을 많은 사람들이 받아들이도록 한 사람은 케플러와 같은 시대에 이탈리아에서 활약하던 갈릴레오 갈릴레이이다. 음악가의 아들로 태어나 대학에서 의학을 공부하기도 한 갈릴레이는 수학과 과학에 흥미를 느끼고 과학을 공부한 후 대학에서 학생들을 가르쳤다. 마흔 다섯 살이 된 1609년, 갈릴레이는 네덜란드의 안경 기술자가 두 개의 렌즈를 이용하여 멀리 있는 물체를 가까이 볼 수 있게 하는 망원경을 발명했다는 소식을 들었다. 갈릴레이는 곧 스스로 망원경을 제작하여 하늘을 관찰하기 시작했다. 망원경을 이용하여 하늘을 살펴본 그는 맨눈으로는 볼 수 없었던 많은 것들을 발견했다.

갈릴레이는 달의 산과 골짜기를 관측했으며, 태양의 흑점을 발견하고, 목성 주위를 돌고 있는 네 개의 위성을 발견했다. 또한 은하수가 수없이 많은 희미한 별들로 이루어졌다는 것과 토성이 테를 가지고 있다는 것도 발견했으며, 금성의 모양이 보름달, 반달, 초승달의 모양으로 변해 간다는 것도 알아냈다.

목성 주위를 돌고 있는 위성들은 모든 천체가 지구 주위를 돌지는 않는다는 증거가 되고, 금성의 모양 변화는 지구가 태양 주위를

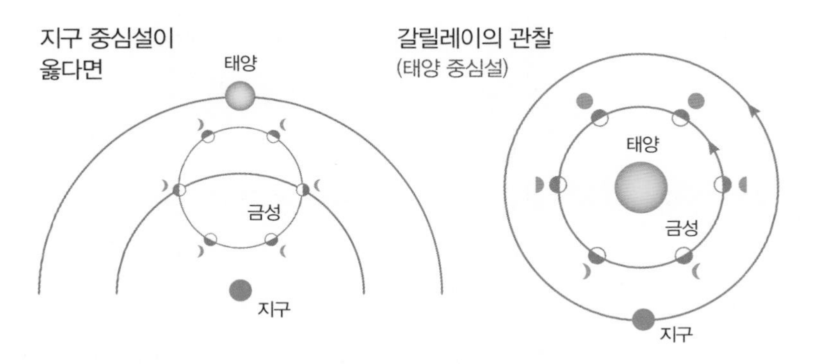

■ — 갈릴레이가 망원경으로 관찰한 금성의 모양. 태양 중심설에서 예상한 것과 같이 보름달, 반달, 조각달 모양으로 변했다.

돌고 있다는 증거가 되었다. 지구 중심설에 의하면 금성은 항상 태양과 지구 사이에 있어 조각달 모양으로만 보여야 하지만, 태양 중심설에 의하면 금성이 태양과 반대편으로 갈 수도 있기 때문에 갈릴레이가 관찰한 것처럼 보름달, 반달, 조각달 모양으로 보일 수 있다.

갈릴레이는 망원경으로 관측한 것들을 모아 1610년에 『별 세계의 메시지』라는 책을 내고 코페르니쿠스의 태양 중심설이 옳다고 주장했다. 그러나 지구가 우주의 중심이라고 믿는 교회의 반대로 자신의 주장을 널리 알릴 수 없었다. 당시 교회는 인간은 하느님이 특별하게 만든 존재여서 인간이 살아가고 있는 지구가 우주의 중심이라고 생각했다. 따라서 지구도 다른 행성들과 마찬가지로 태양 주위를 돌고 있다는 주장을 받아들이려고 하지 않았다.

그러나 자신의 주장을 굽히지 않은 갈릴레이는 친분이 있는 교황의 허가를 받아 지구 중심설과 태양 중심설을 비교한 『두 우주 체계에 대한 대화』라는 책을 썼다. 이 책은 두 체계를 비교하는 것처럼 되어 있지만 사실은 코페르니쿠스의 태양 중심설을 옹호하는 내용을 싣고 있었다. 이 때문에 갈릴레이는 1633년 교회에서 재판을 받았다. 이 재판에서 갈릴레이는 종신 가택 연금형을 선고 받고, 끝까지 자택에서 여러 가지 연구를 계속 하다가 1642년에 세상을 떠났다.

갈릴레이가 세상을 떠난 뒤 교회의 탄압에도 불구하고 코페르니쿠스의 태양 중심설을 받아들이는 사람들이 늘어났다. 이제 교회도 더 이상 태양 중심설을 반대하는 것이 무리라는 것을 알게 되어 과학 연구는 과학자들에게 맡기기로 했다. 따라서 갈릴레이 이후의 과학자들은 자유롭게 과학 연구를 계속할 수 있었다.

이제 케플러와 갈릴레이의 활약으로 코페르니쿠스의 태양 중심설이 널리 받아들여졌다. 2000년 동안 진리였던 지구 중심설이 역사의 무대 뒤로 사라지고 태양 중심설이 무대 전면에 섰다. 지구 중심설이 무대 뒤로 사라지고 태양 중심설이 등장한 사건을 천문학 혁명이라고 부른다. 천문학 혁명은 코페르니쿠스가 시작하고, 케플러와 갈릴레이가 완성했다고 할 수 있다.

그러나 아직 과학자들이 할 일이 남아 있었다. 케플러와 갈릴레이가 태양계를 이루는 천체들이 어떻게 운동하고 있는지를 알아내기는 했지만 왜 그런 운동을 하는지는 알아내지 못했다. 다시 말해 그런 운동을 하도록 하는 힘이 무엇인지 알아내지 못한 것이다. 이 일은 관측 자료를 분석하여 행성들이 어떻게 운동하고 있는지를 알아내는 것보다 훨씬 어려운 일이었다. 이 일을 해낸 사람은 인류 역사상 가장 위대한 과학자 중 한 사람인 아이작 뉴턴이다.

천문학 산책

우라니보리 천문대와 브라헤

덴마크와 스웨덴 사이에 있는 벤섬에 세운 우라니보리 천문대는 당시 유럽에서는 가장 크고 훌륭한 천문대였다. 이 천문대에서 브라헤는 똑같은 관측 장비를 네 벌씩 준비하고 동시에 관측하여 오차를 줄였다. 그러나 이 천문대는 천체를 관측하는 천문학자들만 사는 곳이 아니었다. 천문 관측에 필요한 장비를 만드는 사람은 물론, 여기서 일하는 사람들이 먹을 식량을 마련하기 위해 농사를 짓는 사람, 여러 가지 물품을 조달하는 사람, 유럽 곳곳에서 찾아오는 사람을 접대하는 사람도 살았다. 우라니보리에는 화학 실험실, 식물원, 인쇄소, 제지소, 제분소, 풍차도 있었고, 심지어는 죄를 지은 사람을 가두는 감옥도 갖추고 있었다.

우라니보리 천문대는 단순한 천문대가 아니라 하나의 성이었다. 이것이 가능했던 것은 천문학에 관심이 많은 덴마크의 왕 프레데릭 2세가 넉넉한 재정 지원을 해 주었기 때문이다. 프레데릭 2세의 재정적 후원으로 풍요로운 생활을 한 브라헤는 정밀한 천체 관측 자료를 수집하는 한편 유럽의 귀족들을 불러들여 화려한 파티를 열었다. 브라헤가 연 우라니보리의 화려한 파티는 널리 소문이 나서 유럽의 유명 인사들은 너도나도 이 파티에 참석하려고 애를 썼다고 한다.

그러자 후에 덴마크 왕이 되는 크리스티안 4세는 우라니보리의 사치스런 생활을 싫어하게 되었고, 아버지의 왕위를 이어받은 후에는 우라니보리에 대한 재정 지원을 중단했다. 따라서 브라헤는 우라니보리를 떠날 수밖에 없었다. 덴마크를 떠나 당시 독일을 포함하는 넓은 지역을 다스리던 신성 로마 제국의 황제가 있는 프라하로 간 브라헤는 그곳에서 자신의 관측 자료를 분석하여 행성 운동의 법칙을 발견한 케플러를 만났다.

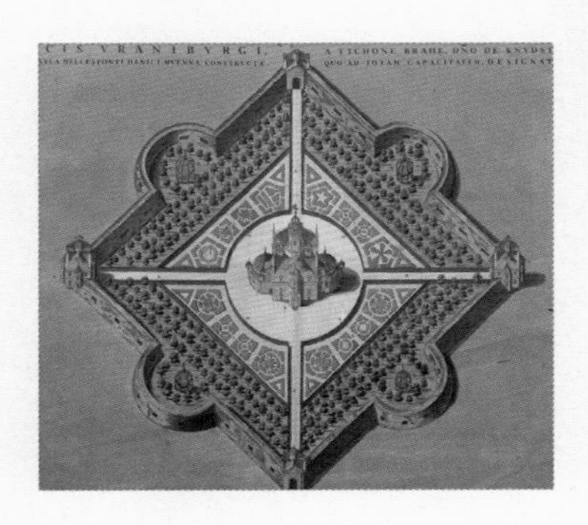

■ – 우라니보리 천문대.

케플러를 만난 후 오래지 않아 세상을 떠난 브라헤는 죽기 전에 "내 인생이 헛된 것이 아니기를……."이라고 말했다. 케플러는 브라헤의 관측 자료를 이용하여 브라헤가 제안한 천문 체계가 틀렸다는 것을 증명하고, 행성 운동 법칙을 발견하여 새로운 과학 시대를 열었다. 이 때문에 브라헤가 우라니보리에서 한 천체 관측은 천문학 역사를 크게 발전시킨 빛나는 업적이 되었다. 브라헤의 인생은 케플러 덕분에 헛되지 않게 되었다.

2장

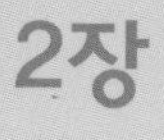

천체 사이에는 어떤 힘이 작용할까?

모든 물체 사이에는 중력이 작용한다!

케임브리지 대학의 트리니티 칼리지에서 공부하던 뉴턴이 고향인 울즈소프로 돌아온 것은 영국에 유행한 흑사병 때문이었다. 흑사병이 번지자 모든 공공 행사가 취소되고, 학교와 기숙사들도 모두 문을 닫았다. 기숙사에서 생활하면서 학교에 다니던 뉴턴도 고향으로 돌아올 수밖에 없었다. 고향에 돌아온 뉴턴은 어머니가 운영하는 농장의 사과나무 아래에 앉아 여러 가지 생각에 잠기곤 했다.

'왜 사과는 항상 땅으로 떨어질까? 달은 왜 지구를 떠나지 않고 지구 주위를 돌고 있을까? 사과가 땅으로 떨어지는 것과 달이 지구 주위를 도는 것 사이에는 어떤 관계가 있을까? 사과가 땅으로 떨어지는 것과 달이 지구 주위를 도는 것을 한 가지 원리로 설명할 수 있다면 얼마나 좋을까?'

그러나 쉽사리 답을 구할 수 없었다. 뉴턴은 모든 것을 처음부터 다시 생각해 보기로 했다. 어느 날 뉴턴에게 놀라운 생각이 떠올랐다. 사과가 땅으로 떨어지는 것과 달이 지구 주위를 도는 것이 모두 지구의 중력 때문이라는 생각을 하게 된 것이다.

■ — 트리니티 칼리지에 있는 뉴턴의 사과나무. 원래 나무의 자손으로 알려진다.

'사과가 땅으로 떨어지고, 달이 지구를 중심으로 도는 것은 지구와 사과, 지구와 달 사이에 힘이 작용하고 있기 때문일 거야. 그 힘을 중력이라고 부르면 어떨까?'

그러나 중력의 세기가 얼마나 되는지를 알아낼 수 없었다. 뉴턴은 케플러의 행성 운동 법칙을 이용하여 여러 가지 계산을 해 보았다. 그러자 중력의 세기가 거리 제곱에 반비례해야 한다는 결론이 나왔다.

'그래, 케플러의 행성 운동 법칙이 성립하려면 지구와 물체 사이에 작용하는 중력은 거리 제곱에 반비례해야 해. 그러니까 케플러의 행성 운동 법칙에는 거리 제곱에 반비례하는 중력이 숨어 있었던 거야.'

그러나 그것만으로 문제가 모두 해결된 것이 아니었다. 땅으로 떨어지는 사과와 지구 주위를 도는 달의 운동을 설명하기 위해서는 힘과 운동 사이의 관계를 밝혀내야 한다. 다시 말해 물체에 힘이 작용하면 물체가 어떻게 운동하는지를 알아내야 한다. 뉴턴은 다시 연구에 몰두했다. 그는 드디어 힘은 물체의 속도를 변하게 한다는 것을 알아냈다. 이것은 고대의 설명과는 전혀 다른 것이다.

'고정관념에서 벗어나는 것이 중요해. 아주 오랫동안 많은 사람들이 고정관념에 사로잡혀 힘과 운동 사이의 관계를 제대로 파악하지 못한 거야. 과학을 발전시키기 위해서는 고정관념을 고집할 것이 아니라 관측된 사실을 바탕으로 새로운 이론을 만들어 내야 해. 고정 관념을 버리니까 물체에 힘을 가하면 물체의 속도가 달라진다는 것을 알 수 있게 되잖아.'

물체에 힘을 가하면 물체의 속도(방향의 띤 속력)가 달라진다는 것이 뉴턴의 운동 법칙이다. 물체 사이에는 거리 제곱에 반비례하는 중력이 작용한다는 중력 법칙과 물체에 힘을 가하면 물체의 속도(방향의 띤 속력)가 변한다는 운동 법칙은 새로운 과학 시대를 연 중요한 법칙이 되었다. 이것은 인류 역사상 가장 중요한 발견이 되었다. 뉴턴은 울즈소프 농장에 있는 사과나무 아래서 인류 역사상 가장 위대한 과학적 업적을 이루어 낸 것이다.

그렇다면 뉴턴 이전에는 힘과 운동 사이의 관계를 어떻게 설명하였을까? 그리고 뉴턴이 발견한 중력 법칙과 운동 법칙은 후세에 어떤 영향을 주었으며, 천문학 발전에 어떤 영향을 끼쳤을까?

아리스토텔레스 역학

고대 과학을 완성한 아리스토텔레스는 물체의 운동을 두 가지로 나누었다. 첫째는 외부에서 힘을 가하지 않아도 일어나는 운동인데 물체가 가지고 있는 성질 때문에 일어나는 운동이다. 무거운 물체가 땅으로 떨어지는 운동, 불이나 기체가 위로 올라가는 운동, 천체들이 일정한 속력으로 원운동하는 것과 같은 운동이 그것이다. 그는 외부에서 힘을 가하지 않아도 일어나는 이런 운동을 '자연 운동'이라고 불렀다.

아리스토텔레스는 무거운 물체일수록 우주의 중심으로 가려는 성질이 강해 더 빨리 땅으로 떨어진다고 설명했다. 실제로 실험을 하기보다는 아리스토텔레스가 제시한 원리를 그대로 받아들인 고대 학자들은 무거운 물체가 가벼운 물체보다 더 빨리 떨어지는 것을 당연하게 여겼다.

둘째는 외부에서 힘을 가해 주어야 일어나는 운동인데 우리 주변에서 일어나는 여러 가지 물체들의 운동이 여기에 해당한다. 이때 물체의 속력은 힘에 비례하고 저항력에 반비례한다. 다시 말해 큰 힘을 가하면 속력이 빨라지고, 힘을 가하지 않으면 멈춘다. 이런 운동을 아리스토텔레스는 '강제 운동'이라고 불렀다. 힘과 운동 사이의 관계를 설명하는 것이 역학이므로 그의 이런 설명을 아리스토텔레스 역학이라고 한다.

아리스토텔레스 역학은 그런대로 여러 가지 운동을 설명할 수 있었기 때문에 2000년 동안 힘과 운동을 이해하는 기본 원리로 받아들여졌다. 특히 지구가 우주의 중심에 정지해 있다고 믿는 동안에는 이런 설명이 설득력이 있었다. 그러나 코페르니쿠스, 케플러, 갈릴레이의 연구로 지구도 태양 주위를 빠른 속력으로 돌고 있다는 것이 밝혀지자 물체가 우주의 중심으로 다가가려는 성질을 가지고 있다는 설명이 받아들여질 수 없게 되었다. 그리고 천체들도 완전한 운동이라고 생각해 온 원운동이 아니라 속력이 달라지는 타원운동을 한다는 것이 밝혀졌다.

아리스토텔레스 역학에 의하면 달리고 있는 경우와 정지해 있는 경우에는 여러 가지 다른 현상이 나타나야 한다. 예를 들면 정지해 있는 자동차 안에서는 위로 던진 공이 제자리에 떨어지지만, 달리고 있는 자동차 안에서 공을 위로 던지면 공이 뒤쪽에 떨어져야 한다. 공이 위로 올라갔다가 내려오는 동안에 자동차는 앞으로 나가지만 공에는 앞으로 나가게 하는 힘이 작용하지 않아 제자리에서 위로 올라갔다가 내려온다고 생각했기 때문이다. 그러나 지구에서 공을 위로 던지면 공이 제자리에 떨어진다. 지구가 태양 주위를 빠른 속력으로 돌고 있으므로 아리스토텔레스 역학에 따르면 제자리에 떨어질 수가 없다. 아리스토텔레스 역학의 설명은 틀렸다.

이제 지구가 태양 주위를 빠른 속력으로 돌지만 그 위에 살고 있는 우리가 마치 정지해 있는 것처럼 생각하면서 살아가는 것을 설명할 수 있는 새로운 역학이 필요하게 되었다. 이 문제에 큰 관심을 가진 사람이 갈릴레이였다.

관성 운동을 주장한 갈릴레이

코페르니쿠스의 태양 중심설을 옹호했다는 이유로 교회에서 재판을 받고 종신 가택 연금형에 처해진 갈릴레이는 힘과 운동 사이의 관계에 대한 연구에도 관심이 많았다. 갈릴레이가 피사에 있는 기울어진 탑에서 물체를 떨어뜨려 무거운 물체와 가벼운 물체가 동시에 땅에 떨어진다는 것을 보여 주는 실험을 했다는 것은 널리 알려진 이야기이다. 그가 실제로 이런 실험을 했는지는 확실하지 않지만 적어도 그가 힘과 운동의 관계에 큰 관심을 가지고 여러 가지 실험을 했다는 것을 알 수 있다.

갈릴레이는 코페르니쿠스의 태양 중심설을 널리 알리기 위해 쓴 『두 우주 체계에 대한 대화』라는 책에서 정지해 있는 배 안에서와 일정한 속력으로 달리는 배 안에서 똑같은 일이 일어난다고 주장했다. 창문이 없어 밖을 내다볼 수 없는 방에서는 어떤 실험을 해도 배가 달리고 있는지 정지해 있는지 알 수 없다. 이 때문에 일정한 속력으로 달리고 있는 지구 위에 살고 있으면서도 지구가 정지해 있는 것처럼 느낀다. 이것을 갈릴레이의 '상대성 원리'라고 한다. 갈

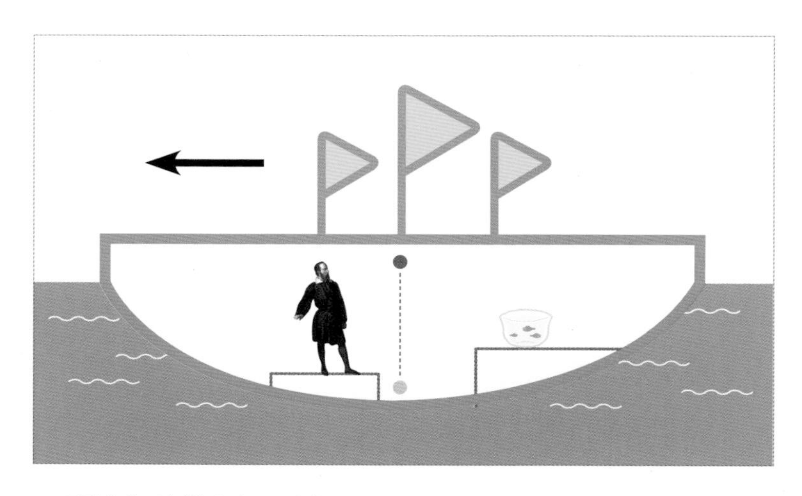

■ 갈릴레이는 일정한 속력으로 달리는 배 안에서는 정지해 있는 배 안에서와 똑같은 일이 일어난다고 설명했다.

릴레이의 상대성 원리는 뉴턴 역학에서는 물론 현대 과학에서도 기본 원리로 받아들여지는 중요한 원리이다.

갈릴레이는 또한 외부에서 힘을 가하지 않아도 계속 움직이는 운동이 있다고 설명하고, 그런 운동을 '관성 운동'이라 하였다. 그는 관성 운동을 설명하기 위해 마찰이 없는 비탈면에서 굴러 내리는 공의 운동을 예로 들었다. 마찰이 없는 경우 한쪽 경사면에서 굴러 내려온 공은 반대편 경사로를 따라 같은 높이만큼 올라간다. 반대편 경사로의 경사가 완만한 경우에는 같은 높이까지 올라가기 위해 먼 거리까지 달려간다. 만약 반대편 경사로가 평평하다면 같은 높이까지 올라가기 위해서는 영원히 굴러가야 할 것이다. 외부에서 더 이상 힘을 가하지 않아도 영원히 움직이는 이런 운동을 갈릴레이는 관성 운동이라고 했다.

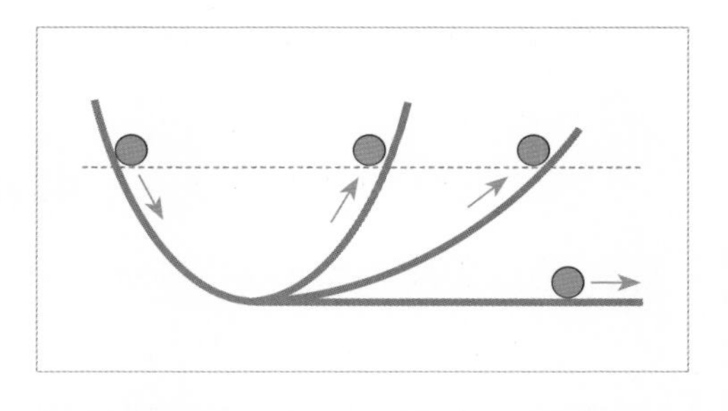

■ 마찰이 없는 경사로를 내려온 공은 같은 높이까지 올라가기 위해 평면을 영원히 굴러갈 것이다.

갈릴레이의 이런 시도는 모두 힘과 운동의 올바른 관계를 밝혀내기 위한 것이었다. 그러나 갈릴레이는 힘과 운동 사이의 올바른 관계를 밝혀내지는 못했다. 힘과 운동 사이의 올바른 관계를 밝혀낸 사람은 갈릴레이가 죽은 해인 1642년 크리스마스에 영국에서 태어난 아이작 뉴턴Isaac Newton, 1642~1727이다.

한 가지 일에 몰두하면 밥 먹는 것도 잊은 뉴턴

아이작 뉴턴은 영국 동부에 있는 그랜섬이라는 도시 부근에 있는 울즈소프에서 태어났다. 당시 영국은 엄격한 계급 사회였다. 지배층인 귀족도 여러 계급으로 나뉘었고, 평민도 농토를 소유하지 못하고 남의 땅에 농사를 짓는 소작농과 자신이 소유한 땅에 농사를 짓는 자작농으로 나뉘었다. 뉴턴의 아버지는 자작농이었는데 뉴턴이 태어나기 전에 세상을 떠났다. 뉴턴이 태어난 후 얼마 되지 않아 어머니가 재혼했기 때문에 뉴턴은 외할머니의 보살핌을 받으며 자랐다.

뉴턴은 그랜섬에 있는 학교를 다녔지만 다른 학생들과 잘 어울리지 못했다. 대신 그는 하숙집 방에 틀어박혀 풍차나 마차와 같은 복잡한 기계 장치를 만드는 것을 좋아했다. 그런 뉴턴의 재능을 알아본 사람은 그랜섬 학교의 교장과 외삼촌이었다. 그들은 뉴턴을 대학에 진학시키도록 뉴턴의 어머니를 설득했다. 뉴턴에게 농장 일을 시키고 싶어 했던 어머니는 두 사람의 권유를 받아들여 뉴턴을 케임브리지 대학의 트리니티 칼리지에 진학시켰다.

대학에 진학한 후에도 뉴턴은 혼자서 공부하는 것을 좋아했다. 뉴턴은 궁금한 것이 생길 때마다 질문 노트를 만들고 하나하나 스스로 답을 찾아나갔다. 뉴턴은 한 가지 문제에 매달리면 답을 찾아낼 때까지 다른 것은 모두 잊어버렸다. 어떤 때는 문제에 몰두하다가 잠자는 것과 밥 먹는 것을 잊기도 했다.

이런 뉴턴이 달이 지구를 중심으로 도는 문제와 사과가 땅으로 떨어지는 문제에 관심을 가지기 시작한 것이다. 그 당시 대부분의 사람들은 사과가 땅으로 떨어지는 것과 달이 지구를 중심으로 도는 것을 전혀 다른 현상이라고 생각했기 때문에 이 두 가지를 연관지으려고 하지 않았다. 그러나 뉴턴의 생각은 달랐다. 사과가 땅으로 떨어지는 것과 같이 지구상에서 일어나는 사소한 사건이나 달이 지구를 중심으로 도는 것과 같이 하늘에서 일어나는 거대한 사건이 똑같은 자연법칙에 의해 일어날 것이라고 생각했다. 따라서 올바른 자연법칙을 알아낸다면 사과가 땅으로 떨어지는 것과 달이 지구를 도는 것을 모두 설명할 수 있을 것이라고 믿었다.

이 문제를 해결하기 위해 고심하던 뉴턴에게 영국을 휩쓴 흑사병 파동은 오히려 기회가 되었다. 고향에 돌아와 다른 것에 신경 쓰지 않고 오직 이 문제를 해결하는 데만 전념할 수 있었기 때문이다. 그 결과 뉴턴이 알아낸 것은 놀라운 것이었다. 그것은 세상을 바꾸어 놓기에 충분할 만큼 중요한 발견이었다.

뉴턴의 운동 법칙

뉴턴은 우선 힘과 운동 사이의 관계를 밝혀내는 일부터 시작했다. 그는 아리스토텔레스가 운동을 힘이 필요 없는 자연 운동과 힘을 가해야 움직이는 강제 운동으로 나눈 것이 마음에 들지 않았다. 또 세상에서 일어나는 운동은 모두 하나의 원리로 설명해야 한다고 생각했다. 그리고 힘을 가하면 움직이고 힘을 가하지 않으면 정지한다는 설명도 받아들일 수 없었다. 움직이기 위해 항상 힘이 필요하다면 빠르게 달리는 지구를 어떻게 따라간단 말인가? 하늘을 나는 새가 날갯짓으로 지구를 따라잡는다는 것이 어찌 가능한가? 이런 문제가 생기는 것은 힘이 하는 역할을 잘못 이해하기 때문이라고 생각했다.

뉴턴은 물체를 움직이는 데 힘이 필요한 것이 아니라 물체의 운동을 변화시키는 데 필요한 것이 아닐까 하고 생각했다. 다시 말해 힘을 가하지 않으면 물체가 정지하는 것이 아니라 물체의 속도가 변하지 않을 것이라고 생각한 것이다. 그렇게 되면 힘을 가하지 않으면 정지해 있던 물체는 계속 정지해 있고, 달리고 있던 물체는 계속 달리게 된다. 지구와 함께 빠르게 달리고 있는 새는 아무런 힘을 가하지 않아도 지구와 함께 계속 달릴 수 있게 된다.

외부에서 힘을 작용하지 않아도 계속되는 운동이 관성 운동이다. 뉴턴은 물체에 힘이 가해지지 않으면 물체는 속력도 변하지 않고, 운동 방향도 변하지 않는 관성 운동을 계속한다고 설명했다. 다시 말해 운동 방향과 속력이 변하지 않는 등속 직선 운동이 관성 운동이라는 것이다. 갈릴레이는 힘을 가하지 않아도 계속되는 운동이 있다고 했지만 그런 운동이 어떤 것인지를 정확하게 설명하지 못했다. 그러나 이제 뉴턴이 그런 운동을 명확하게 설명한 것이다.

사람들은 이것을 운동의 제1법칙 또는 관성의 법칙이라고 부른다. 관성의 법칙은 운동을 계속하기 위해서는 외부에서 힘이 계속 작용해야 한다는 아리스토텔레스의 설명이 틀렸다는 것을 밝힌 법칙이다. 이것은 2000년 동안이나 유럽에서 통하던 고대 과학이 무너졌다는 것을 의미한다. 뉴턴은 관성의 법칙으로 무너트린 고대 과학의 폐허 위에 힘과 운동의 관계를 나타내는 새로운 운동 법칙을 세웠다.

그것은 힘은 운동을 바꾸는 데 필요하다는 것이다. 운동을 바꾼다는 것은 운동의 방향이나 속력이 바뀐다는 것을 의미한다. 운동 방향이나 속력이 바뀌는 것을 물리학에서는 가속도라고 한다. 따라서 힘이 운동을 바꾸는 데 필요하다는 말을 '가속도를 내는 데 힘이 필요하다.'라고 바꿀 수 있다. 다시 말해 물체에 힘을 가하면 가속도가 생겨 운동 방향이나 속력이 바뀐다. 이것을 가속도의 법칙 또는 운동의 제2법칙이라고 부른다. 가속도의 법칙은 뉴턴 역학의 핵심적인 법칙이다.

가속도의 법칙을 수식으로 나타내면 다음과 같다.

$$\text{가속도} = \frac{\text{힘}}{\text{질량}} \quad \left(a = \frac{F}{m}\right)$$

이 식은 물체에 힘을 가할 때 생기는 속도(방향을 띤 속력)의 변화는 힘에 비례하고, 물체의 질량에 반비례한다는 것을 나타낸다. 다시 말해 힘의 크기가 두 배가 되면 가속도의 크기도 두 배가 되지만, 같은 힘이라도 질

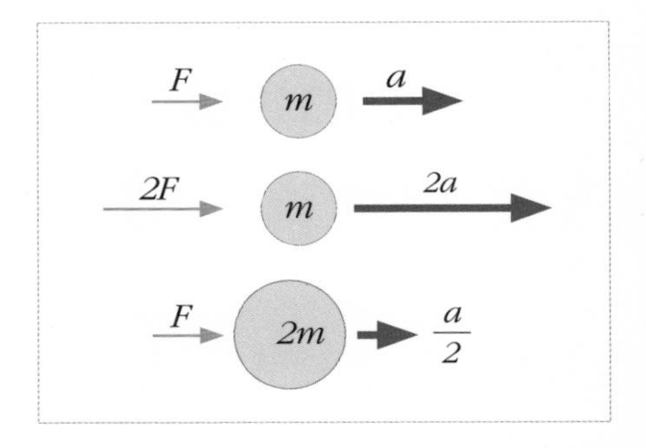

■ – 가속도의 크기는 힘과 질량의 크기에 의해 결정된다.

량이 큰 물체에 작용하면 작은 크기의 가속도만 발생한다는 것을 의미한다.

힘을 가했을 때 운동 방향이 바뀌는가 아니면 속력이 바뀌는가는 힘이 작용하는 방향에 따라 달라진다. 물체가 운동하고 있을 때 운동하는 방향과 같은 방향이나 반대 방향으로 힘이 작용하면 속력만 바뀐다. 수레를 밀거나 잡아당기면 수레의 속력이 빨라지거나 느려지는 것은 이 때문이다.

그러나 물체가 운동하는 방향과 수직한 방향으로 힘이 작용하면 속력은 달라지지 않고 물체의 운동 방향이 바뀐다. 원운동은 달리는 물체에 항상 수직한 방향으로 힘을 가해 운동 방향이 계속적으로 바뀌는 운동이다. 만약 달리고 있는 물체에 달리는 방향과 비스듬한 방향으로 힘이 작용하면 방향도 달라지고 속력도 달라진다. 이런 경우에는 힘의 세기와 방향, 물체의 운동 방향에 따라 매우 복잡한 운동을 하게 된다. 우리 주변에 있는 물체 중에는 여러 가지 힘이 여러 방향에서 작용하고 있어서 매우 복잡한 운동을 하는 것이 많다.

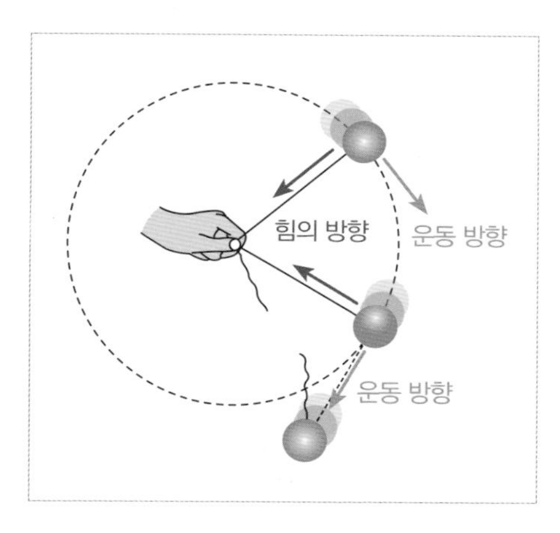

■ – 물체가 운동하는 방향과 수직한 방향(중심 방향)으로 힘이 계속 작용하면 운동 방향이 계속 바뀌는 원운동을 한다. 실이 끊어지면 더 이상 힘이 작용하지 않아서 방향과 속력이 일정한 직선 운동을 한다.

운동의 세 번째 법칙, 즉 제3법칙은 작용·반작용의 법칙이다. 우리는 흔히 지구가 사과를 잡아당기기 때문에 사과가 땅으로 떨어진다고 설명한다. 그러나 세 번째 운동 법칙은 그런 설명이 틀렸다는 것을 나타낸다. 지구가 사과를 잡아당기는 것이 아니라 지구와 사과가 서로 상대방을 잡아당긴다는 것이다. 이때 양쪽에서 잡아당기는 힘은 크기가 같고 방향이 반대이다. 한 힘을 작용이라고 부르면 반대 방향으로 작용하는 힘은 반작용이다. 작용과 반작용은 크기가 같고 방향은 반대이다. 이것은 중력뿐만 아니라 전자기력을 비롯한 모든 힘에도 적용되는 기본적인 법칙이다.

정확하게 이야기하자면 지구가 사과를 잡아당기는 것이 아니라 지구와 사과가 서로 잡아당겨 사과는 지구 쪽으로 움직이고, 지구는 사과 쪽으로 움직여 둘 사이의 거리가 가까워지는 것이다. 그러나 크기가 작은 사과는 많이 움직이고 크기가 큰 지구는 아주 조금 움직이기 때문에 우리 눈에는 사과만 움직이는 것처럼 보인다.

그렇다면 땅으로 떨어지는 사과의 운동과 지구 주위를 돌고 있는 달의 운동은 새로운 운동 법칙으로 어떻게 설명할 수 있을까? 사과는 땅으로 떨어지면서 속력이 빨라진다. 뉴턴의 운동 법칙에 의하면 사과의 속력이 달라지는 것은 사과에 힘이 작용하고 있기 때문이다. 사과의 운동 방향이 달라지는 것이 아니라 속력이 빨라지는 것으로 보아 사과가 떨어지는 것과 같은 방향, 다시 말해 지구 중심 방향으로 힘이 작용하고 있다는 것을 알 수 있다.

달은 지구 주위를 돌고 있다. 달의 경우에는 속력이 달라지는 것이 아니라 운동하는 방향이 계속 변한다. 이것은 달이 움직이는 것과 수직한 방향, 다시 말해 지구 방향으로 힘이 작용하고 있다는 것을 의미한다. 결국 사과와 달은 지구 방향으로 작용하는 힘에 의해 운동하고 있는 것이다. 그렇다면 사과와 달에 작용하는 힘은 어떤 힘일까? 이제 이 힘을 밝혀내기만 하면 사과가 땅으로 떨어지는 것과 달이 지구 주위를 도는 것을 한 가지 법칙으로 설명할 수 있게 될 것이다.

뉴턴의 중력 법칙

뉴턴은 사과와 달에 작용하는 힘을 알아내기 위한 연구를 시작했다. 그는 우선 케플러의 행성 운동 법칙에서 시작했다. 행성 운동 법칙은 태양 주위를 돌고 있는 행성의 운동뿐만 아니라 행성 주위를 돌고 있는 위성의 운동이나 지구 궤도에 올려놓은 인공위성의 운동에도 적용되는 법칙이다. 뉴턴은 행성 운동 법칙 중에서도 공전 주기의 제곱이 태양에서 행성까지 거리의 세제곱에 비례한다는 행성 운동 제3법칙에 주목했다. 뉴턴은 수학적 분석을 통해 이런 법칙이 성립하려면 천체 사이에 거리 제곱에 반비례하는 힘이 작용해야 한다는 것을 알아냈다. 뉴턴은 이 힘을 '중력'이라고 불렀다.

그리고 물체 사이에 작용하는 중력이 거리에 따라 달라질 뿐만 아니라 물체의 질량에 따라서도 달라질 것이라고 생각했다. 뉴턴의 중력 법칙을 수식으로 나타내면 다음과 같다.

$$\text{중력} = \frac{\text{중력 상수} \times \text{질량}_1 \times \text{질량}_2}{\text{거리}^2} \quad \left(F = \frac{G m_1 m_2}{r^2} \right)$$

이 식에 의하면 물체 사이의 거리가 두 배가 되면 물체 사이에 작용하는 중력의 크기는 4분의 1로 줄어든다. 그리고 질량이 두 배로 증가하면 중력의 크기도 두 배가 된다. 이 식에서 G는 중력의 크기를 결정하는 상수인데 '중력 상수'라고 한다. 중력 상수는 아주 작은 값이어서 질량이 작은 물체 사이에는 우리가 느낄 수 있을 정도로 큰 중력이 작용하지 않는다. 우리 주변의 물체 사이에 작용하는 중력을 느끼지 못하는 것은 이 때문이다. 그러나 지구와 같이 질량이 큰 물체의 경우에는 중력의 세기도 커진다. 무거운 물체를 들어 보면 지구와 물체 사이에 작용하는 중력이 얼마나 큰지 실감할 수 있다.

자연에는 중력 외에도 여러 가지 힘이 있다. 전기와 자석 사이에 작용하는 '전자기력'은 자연에 존재하는 또 다른 힘이다. 중력은 자연에 존재하는 여러 가지 힘 중에서 가장 약한 힘이다. 전자와 원자핵이 결합하여 원자를 만들고, 원자들이 결합하여 분자를 만드는 데 관여하는 힘은 전자기력이다. 전자기력은 중력보다 훨씬 큰 힘이다. 원자 사이에는 중력도 작용하지만 전자기력에 비해 아주 작기 때문에 원자 크기에서는 무시해도 된다.

그러나 천체 사이에 작용하는 힘을 다루는 천문학에서는 이야기가 달라진다. 우리 주변의 물체들과는 비교할 수 없을 정도로 질량이 큰 천체 사이에 작용하는 중력은 아주 크다. 전기를 띠고 있지 않은 천체 사이에는 전자기력이 작용하지 않는다. 따라서 천체의 운동을 지배하는 힘은 중력뿐이다. 천문학에서 중력이 다른 힘보다 훨씬 중요한 것은 이 때문이다. 중력은 아주 약하지만 우주와 같은 큰 세계를 지배하는 힘이다. 뉴턴이 발견한 중력 법칙이 천문학에서 중요한 의미를 갖는 것은 이 때문이다.

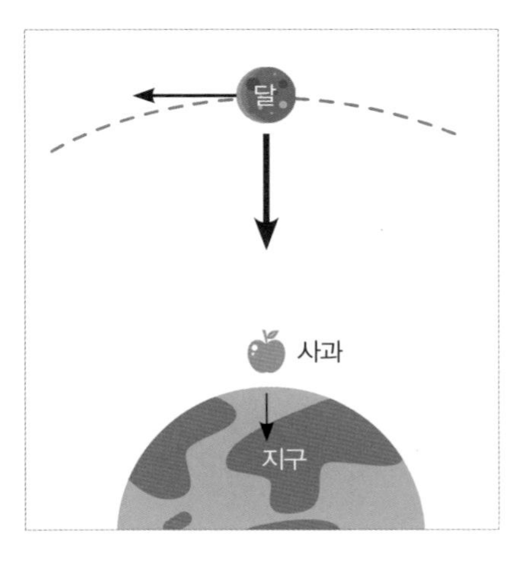

■ – 사과가 땅으로 떨어지는 것과 달이 지구 주위를 도는 것은 모두 지구 중심 방향으로 작용하는 중력 때문이다.

그렇다면 뉴턴은 땅으로 떨어지는 사과의 운동과 지구 주위를 도는 달의 운동을 어떻게 운동 법칙과 중력 법칙을 이용하여 설명할 수 있었을까? 땅으로 떨어지면서 점점 속력이 빨라지는 사과에는 지구 중심 방향으로 중력이 작용하고 있다. 그리고 달은 운동 방향을 계속적으로 바꾸면서 지구 주위를 돌고 있다. 달이 달리는 방향과 수직한 방향으로 중력이 작용하기 때문이다. 다시 말해 달에도 지구 중심 방향으로 중력이 작용한다. 항상 지구 중심 방향으로 작용하는 중력이 달의 운동 방향을 계속 바꾸어 달이 멀리 달아나지 못하고 지구 주위를 돌도록 하고 있는 것이다.

사과가 땅으로 떨어지는 것과 같이 지구상에서 일어나는 일과 달이 지구 주위를 도는 것과 같이 하늘에서 일어나는 일이 운동 법칙과 중력 법칙이라는 같은 자연법칙에 의해 일어난다.

뉴턴의 『자연 철학의 수학적 원리』

뉴턴은 자신이 발견한 운동 법칙과 중력 법칙을 정리하여 1687년에 『자연 철학의 수학적 원리Principia 프린키피아』라는 제목의 책을 출판했다. 세 권으로 되어 있는 이 책은 우리나라에서도 번역 출판되었다. 이 책에는 운동 법칙과 중력 법칙에 대한 자세한 설명은 물론 이 법칙을 이용하여 태양계를 이루는 천체들의 운동을 자세하게 설명해 놓았다.

뉴턴은 태양을 중심으로 하는 행성들의 공전 운동과 지구와 같은 행성을 중심으로 하는 위성들의 운동을 모두 수학적으로 계산해 냈고, 그 결과는 관측 결과와 잘 맞았다. 이제 태양 중심설은 천체들의 운동을 설명하는 든든한 이론까지 갖추게 되었다. 이것은 천문학이 천체를 관측하고 관측 결과를 설명하는 데서 한 걸음 더 나아가 역학을 이용하여 천체들의 운동을 분석하고 계산할 수 있게 되었다는 것을 의미한다.

후에 천왕성의 운동을 자세하게 관측한 천문학자들은 천왕성의 운동에 영향을 주는 새로운 행성이 있어야 한다는 것을 알아내고 뉴턴의 법칙들을 이용하여 새로운 행성의 위치와 크기까지 계산해냈다. 그리고 실제로 예상했던 지점에서 해왕성을 발견했다. 뉴턴이 발견한 운동 법칙과 중력 법칙은 새로운 천문학의 든든한 바탕이 되었다.

지구 중력을 극복하는 데 필요한 비용

인류는 오래전부터 하늘을 마음대로 날아다니고 싶어 했고, 우주로 진출하는 꿈을 꾸어 왔다. 인류의 이런 오랜 꿈은 비행기와 우주 로켓의 발명으로 실현되었다. 그러나 아직도 하늘을 날아다니거나 우주로 나가는 데는 많은 비용이 든다.

2016년에 무게가 1kg인 물체를 로켓을 이용하여 우주 공간으로 올려 보내는 데 드는 비용은 약 2400만 원 정도 되었다. 이것은 1kg의 물체에 작용하는 지구 중력을 극복하는 데 필요한 비용이다. 따라서 물 500mL를 우주로 가져가는 데 1200만 원이 들고, 몸무게 50kg인 사람이 우주로 가는 데 10억 원이 넘는 돈이 필요하다.

만약 중력이 없다면 이런 큰돈을 지불하지 않고도 마음대로 하늘을 날아다닐 수 있을 것이고, 우주여행도 즐길 수 있을 것이다. 중력이 없다면 비행기를 타지 않고도 하늘을 날아다니고, 달까지도 마음대로 오고갈 수 있는 꿈같은 세상이 될 것이다. 그래서 오래전부터 사람들은 중력 작용을 막는 장치를 만들려고 노력해 왔다. 사람들은 그런 장치를 반중력 장치라고 불렀다. 우리 발밑에 중력의 작용을 막는 반중력 장치를 부착하면 더 이상 지구의 중

■ – 지구 상공 약 610km에서 우주를 관측하고 있는 허블 우주 망원경. 지상의 물체를 지구 궤도에 올려놓기 위해 많은 돈을 들여야 하는 것은 지구 중력 때문이다.

력이 작용하지 않아 손쉽게 하늘을 날아오를 수 있을 것이다. 그러나 그런 장치는 발명되지 않았다. 우리는 아직 물체 사이에 작용하는 중력을 차단할 방법을 찾아내지 못했다. 중력은 예외 없이 모든 물체 사이에 작용한다.

그러나 다시 생각해 보면 중력이 모든 물체 사이에 항상 작용하는 것은 여간 다행스런 일이 아니다. 중력이 작용하지 않았다면 우주에 흩어졌던 작은 물질이 모여 태양이나 지구를 만들지 못했을 것이고, 따라서 우리도 존재할 수 없었을 것이다. 혹시 태양과 지구가 만들어지고 우리가 그 위에 살고 있다고 해도 모든 물체들이 둥둥 떠다녀 세상은 엉망이 될 것이다. 그뿐만이 아니라 우주 공간에서 날아오는 여러 가지 방사선을 막아 주고, 우리가 살아가는 데 필요한 산소를 공급해 주는 지구 대기도 존재하지 않을 것이다. 대기는 중력 때문에 지구를 떠나지 않은 채 지구를 둘러싸고 있다.

지구 중력을 극복하기 위해 우리가 지불해야 하는 비용은 사실 태양과 지구와 우리가 존재하고, 우리가 지구상에서 안전하게 살아가는 대가로 지불하는 비용이라고 할 수 있다. 중력이 없다면 현재 우리가 보는 별과 은하로 이루어진 우주도 존재하지 않을 것이다. 별과 은하를 만들고 유지하는 것도 중력이기 때문이다.

무게 1kg의 물체에 작용하는 중력을 극복하기 위해 지불하는 2400만원은 큰돈이지만 우리와 우주가 존재하는 대가라고 생각하면 큰돈이 아니다. 지구 중력 때문에 하늘을 마음대로 날고 우주로 나가고 싶은 우리의 소망을 이루기 위해서는 많은 비용을 지불해야 하지만 중력 덕분에 우리는 아름다운 지구에서 편안하게 살아갈 수 있다.

3장

망원경의 발전이
천문학 발전에 어떻게 기여했을까?

망원경 덕분에 태양계와 우주가 크게 넓어졌다!

더 큰 망원경을 만들자

하노버에서 태어나 독일 군악대 대원으로 전쟁에 참여했다가 영국으로 망명하여 작곡가이면서 뛰어난 오보에 연주자 생활을 하고 있는 윌리엄 허셜William Herschel, 1738~1822은 차츰 천문학에 관심을 가지게 되었다. 시간이 지남에 따라 천문학은 단순한 취미에서 점차 가장 중요한 관심사가 되었다. 그래서 천체 관측에 필요한 망원경을 제작하는 방법을 스스로 개발하여 크고 성능이 좋은 망원경을 많이 만들었다. 그때 그의 여동생인 캐롤라인 허셜Caroline Herschel, 1759~1848도 일을 도왔다.

캐롤라인은 허셜의 일을 도울 뿐만 아니라 스스로도 천체를 관측하여 새로운 혜성을 여러 개 찾아내기도 했다. 캐롤라인은 망원경을 만들 때의 허셜의 모습을 다음과 같이 기록해 놓았다.

“오빠는 옷을 갈아입을 사이도 없이 망원경 만드는 일을 계속했다. 오빠의 옷소매는 찢어져 있거나 거울을 연마하는 데 사용하는 송진으로 더럽혀져 있었다. (…) 나는 손이 더러워 음식을 집어먹을 수 없는 오빠에게 음식을 떠먹여 주기도 했다."

허셜의 망원경은 비록 혼자 힘으로 만들었지만 당시 세상에서 가장 훌륭한 망원경이었다. 정부 예산을 많이 들이고, 많은 사람들이 참여하여 만들어 왕립 천문대에서 사용하는 망원경의 배율은 270배 정도였지만, 허셜이 제작한 망원경 중에는 배율이 2010배나 되는 것도 있었다. 멀리 있는 희미한 천체를 관측하는 망원경의 경우에는 상을 얼마나 크게 확대하여 보느냐 하는 배율도 중요하지만 그보다 더 중요한 것은 희미한 빛을 모아 선명한 상을 만드는 능력이다.

■ – 허셜이 잡동사니를 모아 뒷마당에 설치했던, 길이가 12미터나 되는 거대한 망원경.

빛을 모으는 능력은 렌즈나 거울의 크기에 의해 결정된다. 우리 눈은 크기가 작아 많은 빛을 모을 수 없기 때문에 맨눈으로 밤하늘에서 볼 수 있는 별의 수는 약 6000개 정도에 지나지 않는다. 그러나 구경이 큰 거울이나 렌즈를 사용하는 망원경은 희미한 천체도 보이므로 훨씬 더 많은 수의 별을 볼 수 있다. 허셜은 더 많은 희미한 천체들을 관측하기 위해 더 큰 반사경을 가진 망원경을 제작하려고 노력했다.

1789년에 허셜은 지름이 1.2미터나 되는 반사경을 갖춘 망원경을 제작했다. 이 망원경의 길이는 12미터나 되었다. 현재 세계 곳곳의 천문대에는 이보다 더 큰 망원경이 설치되어 있다. 이 망원경들은 대부분 컴퓨터를 이용하여 자동으로 천체를 찾아내기 때문에 천체 관측이 쉽다. 그러나 모든 것을 손으로 움직여야 하는 허셜의 거대 망원경은 천체 방향으로 정렬하는 데 시간이 많이 들었다.

이런 어려움에도 불구하고 더 큰 망원경을 만들어, 더 많은 천체를 더 정확하게 관측하려고 한 윌리엄 허셜은 천문학 역사에 빛나는 많은 업적을 남겼고, 우리가 알고 있던 태양계와 우주에 대한 지식을 크게 넓혀 놓았다.

그렇다면 허셜이 망원경을 이용하여 새롭게 발견한 천체는 무엇이고, 천문학 발전에는 어떤 공헌을 했을까?

태양과 그 주위를 도는 일곱 개의 천체

고대 그리스 시대의 프톨레마이오스는 지구가 우주의 중심에 정지해 있고, 별들이 붙어 있는 천구가 멀리서 지구 주위를 돌고 있으며, 지구와 천구 사이에 일곱 개의 천체(태양, 달, 수성, 금성, 화성, 목성, 토성)가 제각기 다른 속력으로 지구 주위를 돌고 있다고 설명했다. 그러나 코페르니쿠스는 태양이 우주의 중심에 정지해 있고, 별들이 붙어 있는 천구는 프톨레마이오스가 생각했던 것보다 더 멀리서 태양을 중심으로 돌고 있으며, 태양과 천구 사이에는 일곱 개의 천체(수성, 금성, 지구와 달, 화성, 목성, 토성)가 제각기 다른 속력으로 태양 주변을 돌고 있다고 설명했다. 지구와 태양의 위치가 바뀌기는 했지만 그들이 생각한 우주의 모습은 크게 다르지 않았다.

당시 천문학자들의 관심은 일곱 개 천체의 운동을 얼마나 정확하게 측정하고 계산해 내느냐 하는 것이었다. 그들은 태양계가 태양과 그 주위를 도는 일곱 개의 천체로 이루어진다고 믿었다. 오래전부터 밤하늘에 갑자기 나타나 밝게 빛나다 사라지는 혜성이 많이 발견되었지만 혜성이 무엇인지 정확하게 알지 못했다. 그러나 망원경으로 더 많은 별을 관측하면서 별이 붙어 있는 천구가 있는 것이 아니라 수많은 별이 넓은 우주 공간에 흩어져 있다는 것을 알게 되었다. 따라서 별을 관측하여 목록을 만들려는 사람들이 나타났다. 그러나 태양계는 여전히 태양과 그 주변을 도는 일곱 개의 천체로

만 이루어져 있다고 생각했다.

일곱 개의 천체는 우리가 매일 사용하는 요일의 이름에서 발견할 수 있다. 일(태양), 월(달), 화(화성), 수(수성), 목(목성), 금(금성), 토(토성)가 그것이다. 여기에 지구가 빠진 것은 요일의 이름인 일곱 개의 천체가 지구 주위를 돌고 있다고 생각하는 시기에 만들었기 때문이다. 1주일을 7일로 정한 것은 아주 오래전의 일이어서 누가 각각에 이름을 붙였는지는 모른다. 어떤 사람은 하느님이 세상을 6일 동안에 창조하고 하루 쉬었다는 성경의 기록 때문이라고 주장하고, 어떤 사람은 지구 주변을 돌고 있다고 생각한 일곱 개의 천체 때문이라고 생각한다. 어쨌든 이 일곱 개의 천체가 인류 문화에 중요한 역할을 한 것은 틀림없다.

천왕성의 발견

잡동사니를 조립하여 만든 망원경으로 천체를 관측하던 허셜은 1781년 3월 태양계에 대한 기존의 생각을 바꾸어 놓는, 천문학 역사상 매우 중요한 발견을 했다. 허셜은 쌍둥이자리 근처에서 별들 사이를 천천히 움직여 가는 새로운 천체를 찾아냈다. 혜성이 멀리 있을 때는 꼬리가 보이지 않은 채 천천히 움직여 가기 때문에 처음에 그는 이것을 새로운 혜성이라고 생각했다. 그러나 이 천체는 혜성과 달랐다. 혜성은 태양에 가까워지면 점점 더 밝아지면서 차츰 긴 꼬리가 나타나고 속력도 빨라진다. 그러나 이 천체는 오랫동안 관찰해도 꼬리가 나타나지 않았고, 일정한 속력으로 태양을 중심으로 돌고 있었다.

■ — 망원경 렌즈를 연마하고 있는 윌리엄 허셜과 캐롤라인 허셜

이전까지 알려지지 않았던 새로운 행성을 발견한 것이다. 집 뒷마당에서 스스로 만든 망원경으로 천체를 관측하는 허셜이 많은 예산을 사용하는 유럽의 유명한 천문대들이 하지 못한 일을 해낸 것이다. 허셜은 새로 발견한 행성을 영국의 왕인 조지 3세의 이름을 따서 조지의 별이라고 부르자고 제안했다. 그러나 새로운 행성에 영국 왕의 이름을 붙이는 것을 싫어한 다른 나라의 천문학자들은 발견자의 이름을 따서 허셜이라고 부르자고 제안했다. 결국 새로 발견된 행성은 로마 신화에서 주피터(목성의 이름)의 할아버지이고, 새턴(토성의 이름)의 아버지인 우라누스(천왕성)라고 불리게 되었다.

천왕성의 발견으로 태양계에 맨눈에 보이는 행성들 외에도 또 다른 행성이 있다는 것이 확인되었다. 이것은 맨눈으로 관측이 가능한 천체들이 태양계의 전부라는 그동안의 생각이 틀렸다는 것을 의미하는 것이었다. 그렇다면 태양계에는 맨눈으로는 볼 수 없는 천체들이 얼마나 더 많이 숨어 있는 것일까? 천왕성의 발견으로 천문학자들에게는 태양계에 숨어 있는 새로운 천체들을 찾아내는 새로운 연구 과제가 주어졌다. 지구와 일곱 개의 천체로 이루어졌던 태양계가 천왕성 발견을 계기로 넓어지기 시작한 것이다.

허셜은 천왕성을 발견한 후인 1782년과 1784년에는 800여 개의 이중성들이 실린 이중성 목록을 작성했고, 1783년에는 별이 하늘에 어떻게 분포해 있는지를 조사하기 시작했다. 별이 모두 천구에 고정되어 있다면 별까지가 거리가 모두 같아야 한다. 그러나 망원경으로 관측한 허셜은 별 중에는 가까이 있는 것도 있고, 멀리 있는 것도 있다는 것을 알게 되었다. 별이 어떻게 분포되어 있는지를 알아내기 위해서는 별까지의 거리를 알아야 한다. 하지만 당시에는

■ – 허셜이 1788년에 발견한 나선은하 NGC 2683.

별까지의 거리를 알아낼 수 있는 방법이 없었다.

허셜은 모든 별의 밝기가 같지만 거리가 달라서 다른 밝기로 보인다고 가정했다. 다시 말해 밝은 별은 가까이 있는 별이고, 희미한 별은 멀리 있는 별이라고 가정한 것이다. 이런 가정이 옳은 것이 아니지만 별들이 우주에 어떻게 분포해 있는지에 대한 대략적인 모습을 그려 볼 수 있게 되었다. 그는 별들이 커다란 원반 모양으로 분포해 있다는 것을 알아냈다. 이것은 우리 은하의 전체적인 모습을 최초로 알아낸 중요한 발견이었다.

성운 목록의 작성

별까지의 거리는 아주 멀기 때문에 성능이 좋은 망원경으로 보더라도 별은 하나의 점으로만 보인다. 그러나 별보다 가까이 있는 행성들은 작은 동전 모양으로 보이기 때문에 망원경으로 관찰하면 별과 행성을 쉽게 구별할 수 있다. 그런데 하늘에는 별처럼 점으로 보이지도 않고, 행성처럼 동전 모양으로 보이지도 않는 희미한 구름처럼 보이는 천체도 있다. 천문학자들은 이런 천체를 성운이라고 부른다.

성운 중에는 맨눈으로도 관찰할 수 있는 것이 있기 때문에 고대 천문학자들도 몇 개의 성운을 찾아냈다. 그러나 망원경의 발달

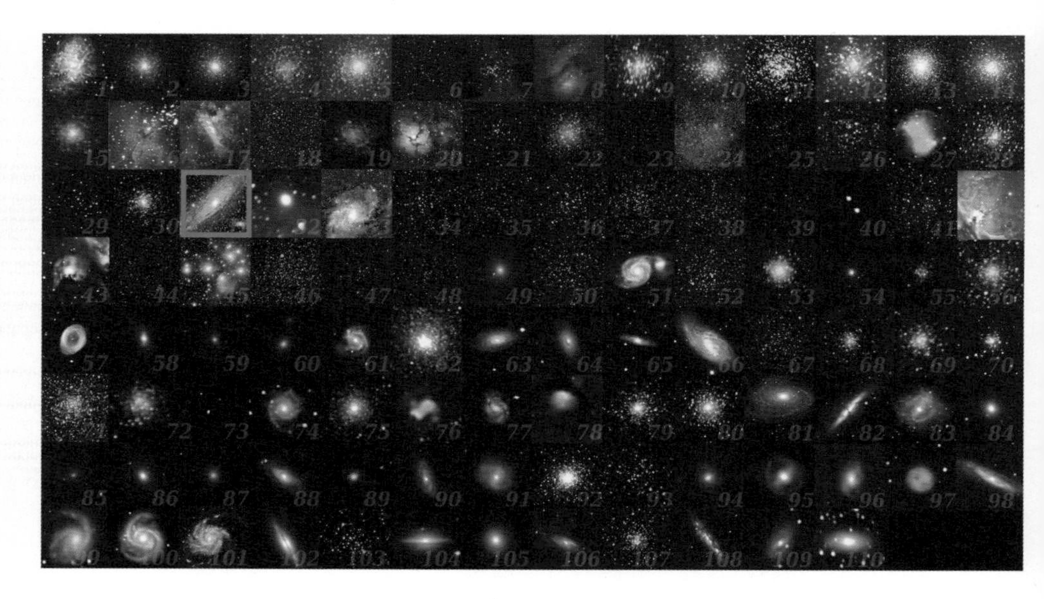

■ 메시에 목록. 우리가 잘 아는 안드로메다 은하는 M31이다.

로 희미한 천체들까지 관찰할 수 있게 되자 많은 수의 성운이 확인되었다. 성운은 혜성을 찾으려고 하늘을 살피는 사람들에게 귀찮은 존재였다. 성운을 혜성이라고 잘못 보는 일이 종종 있었기 때문이다. 그래서 그들은 성운의 목록을 작성할 필요성을 느꼈다.

프랑스 천문학자 샤를 메시에Charles Messier, 1730~1817는 1764년부터 성운의 목록을 작성하기 시작했다. 새로운 혜성을 여러 개 찾아내기도 한 메시에는 혜성을 좀 더 쉽게 찾아내는 데 도움을 주기 위해 움직이지 않고 항상 한 자리에 있는 얼룩처럼 보이는 성운의 목록을 만들기로 했다. 그는 1781년에 103개의 성운 목록을 만들었다. 메시에가 죽은 후에 일곱 개의 천체가 추가되어 메시에 목록에는 모두 110개의 천체가 들어 있다. 이 목록에 있는 성운은 메시에 번호로 불린다. 예를 들어 첫 번째로 기록된 게성운은 M1, 31번째로 기록된 안드로메다 은하는 M31이라고 부른다. 여기서 M은 메시에 목록을 나타내는 약자이다.

메시에가 성운 목록을 만든 시기에는 성운이 무엇인지 몰라 희미한 구름처럼 보이는 천체를 모두 성운이라고 불렀지만 나중에 성운 중에는 우리 은하 밖에 있는 또 다른 은하도 있고, 우리 은하 안에 있는 먼지와 기체로 이루어진 거대한 구름도 있다는 것을 알게 되었다. 따라서 성운이라는 말 대신에 은하는 은하로, 우리 은하 안에 있는 구름은 성간운으로 구별하여 부르게 되었다.

메시에가 만든 성운 목록을 받아 본 허셜은 망원경으로 성운을 조사하여 메시에보다 훨씬 많은 2500개의 성운을 찾아냈다. 허셜은 구름 모양으로 생긴 것으로 보아 성운이 기체와 먼지로 이루어진 거대한 구름일 것이라고 생각했다. 어떤 성운에서는 개개의 별을 구별해 내기도 한 허셜은 성운은 젊은 별들과 이 별들을 만들고 남은 부스러기라고 주장하기도 했다.

허셜의 이런 주장은 현대 관측 결과와 비슷한 놀라운 주장이었다. 그러나 성운 중에 우리 은하와 크기가 같은 외부 은하도 있다는 것은 알아내지 못했다.

보데의 법칙과 소행성 발견

자연을 이해하기 위해서는 자연 현상 뒤에 숨어 있는 수의 조화를 알아내야 한다고 주장한 고대 그리스의 학자인 피타고라스의 생각을 이어받은 많은 천문학자들은 오래전부터 태양에서 행성까지 거리에 숨은 규칙을 발견하려고 노력했다. 어떤 천문학자는 태양에서 지구까지 거리를 10이라고 하면 태양에서 수성까지 거리는 4이고, 금성까지 거리는 7이며, 화성은 15, 목성까지는 52, 토성까지 거리는 95에 해당한다고 주장했다. 또 다른 천문학자는 태양에서 토

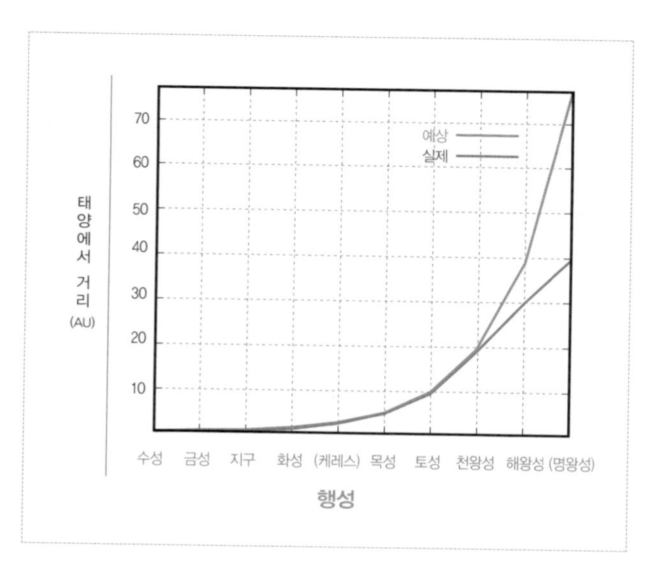

▪ – 티티우스–보데의 법칙과 실제의 차이 그래프

성까지 거리를 100이라고 할 때 금성까지 거리는 7, 지구까지 거리는 10, 화성까지는 16, 목성까지는 52이므로 28이 되는 위치에 있어야 할 행성이 빠져 있다고 주장했다.

1768년, 열아홉 살 요한 보데Johann Elert Bode, 1747~1826는 그의 책에서 태양에서 행성까지 거리 R가 다음과 같은 식으로 나타난다고 하였다.

$$R = 3 \times 2^n + 4$$

그가 처음 이 식을 만든 것은 아니지만 그의 책을 통해 널리 알려졌으므로 이 식은 보데의 법칙이라고 불린다. 이 식에서 2^n은 2의 n 거듭제곱을 나타내는 것으로 수성의 경우에는 n에 $-\infty$(음의 무한대)를 대입하고, 금성에는 0, 지구에는 1, 화성에는 3, 목성에는 4, 토성에는 5를 대입하면 태양에서 거리가 얻어진다는 것이다. 수학에서 $2^{-\infty}$는 0이고, 2^0은 1이다.

각 행성에 왜 이런 숫자를 대입해야 하는지는 설명하지 못하지만, 이 식은 그때까지 알려진 태양에서 행성까지 거리를 잘 나타냈다. 그래서 보데의 법칙이 태양계의 비밀을 담고 있는 중요한 식이라고 생각하는 사람이 많았다. 그렇지만 보데의 법칙은 이미 알려진 숫자들을 이용해 인위적으로 만들어낸 수식이어서 과학적으로 큰 의미가 없다고 주장하는 사람도 있었다.

그러나 허셜이 발견한 천왕성이 보데의 법칙에서 n이 6인 지점에서 태양을 돌고 있다는 것이 밝혀졌다. 이것은 놀라운 일이었다.

천왕성이 발견된 후 보데의 법칙이 많은 사람들의 관심을 끌었다. 그러자 보데의 법칙에서 n이 3인 자리에 있어야 할 행성에 관심을 가지게 되었다. 화성과 목성 사이에 또 다른 행성이 있어야 했기 때문이다.

1700년대 말부터 많은 사람들이 사라진 행성을 찾기 위해 대대적인 관측을 실시했다. n이 3인 자리에서 새로운 행성을 발견한 사람은 이탈리아의 시칠리섬에서 천체를 관측하던, 수도사이며 천문학자인 주세페 피아치Giuseppe Piazzi, 1746~1826였다. 피아치는 1801년 1월 1일에 새로운 행성으로 생각되는 천체를 보데의 법칙이 예언한 위치에서 발견했다. 그것은 달 크기의 3분의 1 정도 되는 소행성 케레스Ceres였다. 피아치는 이 천체에 시칠리아의 수호 여신인 케레스와 시칠리아 왕국의 페르디난도 1세의 이름을 따서 케레스 페르디난데아라는 이름을 붙였다. 그러나 페르디난데아라는 이름은 정치적인 이유로 삭제되고, 케레스라는 이름만 남게 되었다. 이후 케레스는 소행성 중에서 가장 크다는 것이 밝혀졌다.

그 후 1802년에 케레스 크기의 반 정도 되는 팔라스Pallas가 발견되었고, 1804년에는 세 번째 소행성 주노Juno가 발견되었다. 가장 밝아서 맨눈으로도 관찰할 수 있는 유일한 소행성인 베스타Vesta가 발견된 것은 1807년의 일이었다. 베스타 발견 이후 한동안 소행성 발견이 중단되다가 1845년 아스트라이아Astraea가 발견된 후 많은 소행성들이 계속적으로 발견되었다. 1923년에는 1000번째,

1990년에는 5000번째 소행성이 발견되었으며, 2007년 10월까지는 17만 개의 소행성에 공식 번호가 붙었다.

보데의 법칙은 소행성 발견에 큰 도움을 주었고, 19세기 들어 해왕성 발견에도 도움을 주었다. 그러나 해왕성과 명왕성(행성으로 분류되다가 지금은 왜소행성으로 분류됨)이 발견된 후 이들이 보데의 법칙에서 멀리 벗어난 곳에서 태양을 돌고 있다는 것이 밝혀졌다. 이제 아무런 과학적 근거가 없는 보데의 법칙은 더 이상 사람들의 관심을 끌 수 없게 되어 기억에서 멀어져 갔다.

해왕성의 발견

1781년 천왕성이 발견된 후 천왕성의 운동을 자세하게 관측한 천문학자들은 천왕성의 속력이 어떤 때는 행성 운동 법칙을 이용하여 계산한 속력보다 빠르고, 어떤 때는 느려진다는 것을 발견했다. 천황성 바깥쪽에 다른 행성이 있어서 천왕성에 중력이 작용하기 때문이라고 생각한 과학자들은 천왕성의 운동을 이용하여 아직 발견되지 않은 행성의 위치를 계산했다.

이런 계산을 처음 해낸 사람은 대학원 학생인 영국의 존 애덤스 John Couch Adams, 1819~1892였다. 애덤스는 1843년, 천왕성 운동에 대한 관측 자료와 뉴턴 역학을 이용해 아직 알려지지 않은 행성의 질량·위치·궤도를 계산해 내고, 그 결과를 그리니치에 있는 왕립 천문대에 보내 그 위치를 조사해 보도록 했다. 그러나 그리니치 천문대는 새로운 행성을 발견하는 데 실패했다. 따라서 애덤스의 계산도 잊혀졌다.

그러나 얼마 지나지 않아 프랑스의 수학자이자 천문학자인 위르뱅 르베리에Urbain Jean Joseph Leverrier, 1811~1871가 애덤스와 비슷한 계산을 통해 해왕성의 위치와 질량에 대해 같은 결과를 얻어 프랑스 과학 아카데미에 보고하는 한편, 베를린 천문대의 요한 갈레Johann Gottfried Galle, 1812~1910에게 자신이 계산한 위치에서 새로운 행성을 찾아보도록 요청했다. 르베리에가 새로운 행성이 있을 것이라고 예상했던 부분의 자세한 별 지도를 가지고 있던 갈레는 편지를 받은 날인 1846년 9월 23일 저녁, 르베리에가 예측한 지점 부근에서 새로운 행성을 발견했다. 태양계 가족이 또 하나 늘어난 것이다. 새로운 행성에는 로마 신화에서 따서 넵튠(해왕성)이라는 이름을 붙였다.

해왕성의 발견은 새로운 행성을 하나 더 발견한 것 이상의 의미를 가지는 것이었다. 해왕성은 뉴턴 역학을 이용한 계산으로 찾아내었기 때문에 뉴턴 역학의 신뢰성을 높이는 데 중요한 역할을 했다. 운동 법칙과 중력 법칙으로 이루어진 뉴턴 역학이 대단한 과학적 성과라는 것은 이미 널리 알려졌지만, 아직 발견되지 않은 행성의 위치를 정확하게 계산해 낼 정도라는 것을 알게 된 사람들은 뉴턴 역학을 사람이 찾아낸 과학 법칙 중에서 가장 완전한 법칙이라 고 생각하게 되었다.

명왕성의 발견

해왕성이 발견된 후 해왕성의 운동을 조사한 과학자들은 해왕성의 운동에 영향을 주고 있는 다른 행성이 있어야 한다고 생각하게 되었다. 해왕성도 행성 운동 법칙으로 예상한 것과 다르게 운동하고 있었기 때문이다. 그러나 새로운 행성을 발견하려는 천문학자들의 많은 노력에도 불구하고 아홉 번째 행성은 쉽게 발견되지 않았다.

미국의 퍼시벌 로웰Percival Lowell,1855~1916은 아홉 번째 행성을 찾는 일에 많은 시간과 재산을 바쳤다. 로웰은 동아시아를 여행하고, 1886년 우리나라를 미국에 소개한 『조선Chosun』이라는 책을 쓰기도 했으며, 주미 한국 특명 공사의 고문으로 활약하기도 했다. 말년에 천문학에 관심을 갖게 된 그는 전 재산을 들여 천문대를 세우고, 천체를 관측하고 연구했다. 그는 특히 화성에 관심이 많아 망원경으로 화성을 자세하게 관측하고, 화성인들이 물 부족으로 어려움을 겪고 있으며 극지방의 물을 끌어오기 위해 운하를 파고 있다고 주장했다. 행성에 대해서 자세한 것을 알지 못하던 당시에는 그의 이런 주장을 심각하게 받아들이는 사람이 많았다.

로웰은 새로운 행성이 있다고 가정하면 해왕성의 실제 운동이 더욱 잘 설명된다는 사실을 알고 아홉 번째 행성을 찾는 일에 착수했다. 그러나 로웰은 너무 먼 곳에서 천천히 운동하고 있는 희미한 아홉 번째 행성을 찾아내지 못하고 세상을 떠났다. 로웰이 못한 이 일은 그가 세운 로웰 천문대에서 연구원으로 일하고 있던 클라이드 톰보Clyde William Tombaugh, 1906~1997가 이어받았다. 톰보는 태양이 지나가는 황도면에 분포하는 별들의 사진을 모두 찍어서 며칠 사이에 움직인 천체가 있는지를 조사했다. 그는 며칠 간격으로 찍은 사진 필름을 겹쳐서 빛에 비추어 보고 움직인 천체를 찾아내는 방법을 사용했다.

그렇게 해서 톰보가 새로운 행성을 발견한 것은 1930년 3월 12일이었다. 새로운 행성은 명왕성이라고 명명되었다. 그런데 명왕성은 다른 행성들과는 다른 점이 많았다. 길게 늘어진 타원 궤도를 돌고 있어서 태양에 가까워질 때는 해왕성보다도 안쪽으로 들어와 태양에 더 가까웠다. 그리고 명왕성 바깥쪽에서 그와 비슷한 천체가 여러 개 발견되었다. 따라서 2006년 8월 국제천문연맹IAU은 명왕성을 행성이 아니라 왜소행성으로 분류하기로 결정하고 134340번째로 소행성 목록에 등록했다. 이제 태양계에는 아홉 개의 행성이 아니라 여덟 개의 행성만 존재하게 되었다.

메시에 마라톤

취미로 작은 망원경을 이용하여 천체를 관측하는 아마추어 천문학자 중에는 하루 저녁에 메시에 목록에 있는 천체를 얼마나 많이 찾아내는가 하는 대회를 하는 사람도 많다. 그들은 이것을 메시에 마라톤이라고 부른다. 메시에 목록은 샤를 메시에가 북반구 하늘을 관찰하여 만든 목록이기 때문에 북반구에서 쉽게 관찰할 수 있는 천체들로 이루어져 있다. 따라서 남반구에서는 메시에 마라톤을 할 수 없다.

북반구에서는 어디에서나 메시에 마라톤을 할 수 있지만 희미한 천체를 찾아내는 것이기 때문에 달이 없는 캄캄한 날에 전깃불이 없는 곳에서 하는 것이 좋다. 그러나 계절과 위도에 따라 하루 저녁에 보이는 천체의 수가 달라지기 때문에 적절한 장소와 시기를 선택하는 것이 중요하다. 메시에 마라톤을 하기에 가장 적당한 곳은 북위 25도 부근이다. 따라서 북위 38도 부근에 위치한 우리나라는 메시에 마라톤을 하기에 최고는 아니지만 비교적 괜찮은 장소이다. 조건이 좋은 경우 3월 중순과 4월 초순 사이에는 하루 저녁에 메시에 목록에 들어 있는 모든 천체를 찾아내는 것도 가능하다. 그런데 이때가 좋은 시기이지만 흐린 날이 많은 계절이므로 날씨도 고

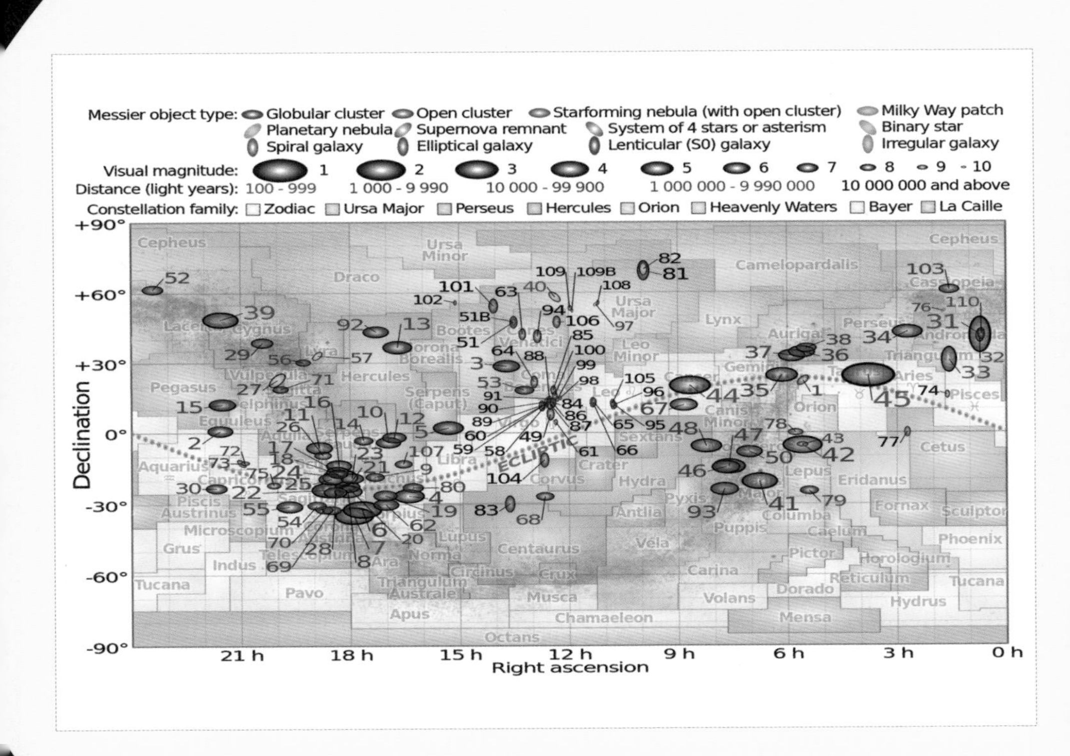

■ – 메시에 마라톤에서 찾아내야 할 천체들. 천체의 종류에 따라 다른 모양으로 표시되어 있다.

려해야 한다.

하루에 많은 천체를 찾아내기 위해서는 해가 진 직후부터 관측을 시작해서 다음 날 해가 뜨기 직전까지 계속 관측해야 한다. 관측 장비는 작은 망원경이나 쌍안경이면 되지만, 멀리 있는 천체를 관측할 때는 작은 떨림에 의해서도 상이 크게 흔들리기 때문에 손에 드는 쌍안경은 안 된다. 쌍안경을 쓸 때는 든든한 고정 장치를 준비해야 한다.

천체 관측에 관심이 많은 친구들이나 동아리 회원들, 또는 선생님이나 부모님과 같이 날씨가 좋은 날 작은 망원경으로 초저녁부터 차례로 동쪽에서 나타나는 메시에 목록의 성운들을 찾아내는 것은 오랫동안 기억에 남을 좋은 추억거리가 될 것이다.

4장

우주에서는 거리를 어떻게 잴까?

연주 시차 측정으로 우주에서 거리 재기가 시작되었다!

항해사가 되고 싶었던 천문학자

현재의 독일과 폴란드, 오스트리아를 포함하는 지역을 다스리던 신성 로마 제국은 17세기 초, 유럽 여러 나라가 개입하여 30년 동안 벌인 전쟁에서 패배한 후 300여 개의 작은 나라로 나누어졌다. 이런 나라들 중에서 지금의 독일 북동부와 폴란드 북부에 걸쳐 있던 프로이센이 주변의 작은 나라들을 병합하여 국력을 키워 나갔다. 특히 18세기에 프로이센을 다스린 프리드리히 대왕은 프로이센을 북부 유럽에서 가장 강력한 국가로 성장시켰다. 19세기 초에 프로이센을 다스린 프리드리히 빌헬름 3세는 쾨니히스베르크에 새로운 천문대를 세우기로 하고, 그 일을 맡을 사람을 물색하고 있었다.

1784년, 프로이센의 브란덴부르크주에서 태어난 프리드리히 베셀 Friedrich Wilhelm Bessel, 1784~1846은 항해사가 되는 데 필요한 공부를 시작했다. 넓은 바다를 항해하는 항해사의 가장 중요한 임무는 별자리를 이용하

■ — 베셀이 앞장서서 1823년에 완성한 쾨니히스베르크 천문대.

여 방향을 알아내어 배가 목적지에 안전하게 도착하도록 이끄는 것이다. 따라서 항해사가 되기 위해서는 천문학과 수학을 배워야 한다. 항해사가 되기 위해 시작한 천문학과 수학 공부에서 베셀은 뛰어난 능력을 발휘했다. 스무 살이 된 1804년에는 헬리 혜성의 궤도를 계산하여 1807년에 다시 돌아온다고 예측하기도 했다. 이로 인해 베셀은 천문학자로도 인정을 받게 되었다.

이것을 안 프리드리히 빌헬름 3세는 1810년, 베셀에게 쾨니히스베르크 천문대 짓는 일을 맡겼다. 항해사가 되려고 시작한 천문학이 이제 그의 전공이 된 것이다. 천문대를 짓는 데는 13년이 걸렸다. 천문대 건물을 짓고, 천체 관측에 필요한 장비를 갖추는 모든 과정을 책임진 베셀은 천문대가 완성되자 첫 번째 천문대 대장이 되었다.

천문대 대장이 된 후에는 별의 위치를 정확하게 결정하기 위한 연구에서 커다란 성과를 거뒀다. 정지해 있는 지구에서 별을 관측하는 것이 아니라 빠르게 달리고 있는 지구에서 별을 관측하므로 별의 위치가 계절에 따라 조금씩 다르게 측정된다. 따라서 여러 계절에 측정한 별의 위치를 이용하여 정확한 위치를 결정하기 위해서는 여러 가지 계산이 필요하다. 천문학뿐만 아니라 수학에도 뛰어난 능력을 지닌 베셀은 별의 위치를 결정하는 방법을 개발했다.

베셀이 쾨니히스베르크 천문대 대장으로 있으면서 이룬 가장 중요한 업적은 백조자리 61번 별의 연주 시차를 측정하는 데 성공한 것이다. 연주 시차의 측정은 고대 그리스 천문학자들 이래로 수많은 천문학자들이 시도했지만 성공하지 못한 것이었다. 천문학자들은 연주 시차의 측정이 천문학이 해결해야 할 가장 중요한 숙제라는 것을 잘 알고 있었다. 그런데 베셀이 그 일을 해낸 것이다. 베셀의 연주 시차 측정 성공으로 천문학이 오늘날 우주의 시작과 끝을 이야기할 수 있는 천체물리학으로 발전할 수 있는 기틀이 마련되었다.

그렇다면 연주 시차가 무엇이며, 왜 연주 시차의 측정이 그렇게 중요할까? 연주 시차의 측정은 후세의 천문학 발전에 어떤 영향을 주었을까?

지구가 태양 주위를 돌면 연주 시차가 나타나야 한다

코페르니쿠스는 지구가 태양 주위를 돌고 있다는 태양 중심설을 주장했다. 그러나 그의 주장은 오랫동안 널리 받아들여지지 않았다. 그 이유 중 하나는 지구가 태양 주위를 돈다는 과학적 증거를 발견할 수 없었기 때문이었다.

망원경으로 별을 관측하기 시작한 천문학자들은 별이 천구에 붙어 있는 것이 아니라 우주 공간 여기저기에 분포해 있다는 것을 알게 되었다. 다시 말해 별 중에는 가까이 있는 것도 있고, 멀리 있는 것도 있다는 것이다. 그렇다면 태양 주위를 돌고 있는 지구에서 별을 관측하면 지구의 위치에 따라 별의 위치가 달라 보여야 한다. 연주 시차annual parallax는 태양 주위를 도는 지구에서 볼 때 지구의 위치 변화 때문에 별의 위치가 달라 보이는 것을 말한다.

연주 시차가 왜 나타나는지는 간단한 실험을 통해 확인할 수 있다. 엄지손가락을 세우고 팔을 뻗은 다음, 왼쪽 눈을 감고 엄지손가락을 바라보자. 엄지손가락이 뒤에 있는 배경의 어느 부분을 가리고 있는지 확인한 다음, 이번에는 팔을 그대로 둔 채 오른쪽 눈을 감고 엄지손가락을 바라보자. 엄지손가락이 움직인 것처럼 보일 것이다. 왼쪽 눈과 오른쪽 눈을 번갈아 감으면서 엄지손가락이 움직인 것처럼 보이는 것을 확인한 다음, 팔을 앞뒤로 움직이면서 엄지손가락이 움직여 보이는 정도가 어떻게 변하는지 알아보자.

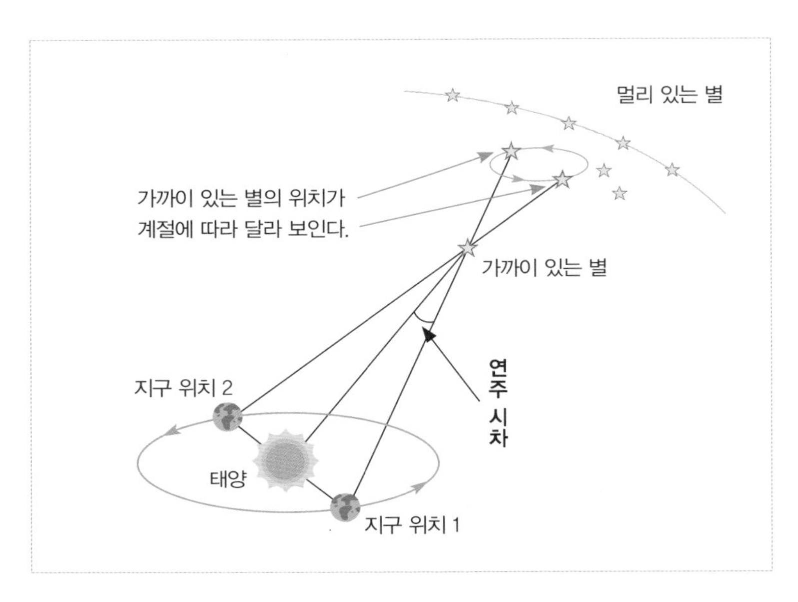

■ – 태양으로부터 아주 멀리 있는 별은 그림의 배경처럼 고정된 것으로 보인다. 하지만 태양으로부터 가까이에 있는 별은 지구의 위치에 따라서 별의 위치도 움직이는 것처럼 보인다.

오른쪽 눈으로 볼 때와 왼쪽 눈으로 볼 때 엄지손가락의 위치가 달라 보이는 것이 시차이다. 시차는 엄지손가락이 가까이 있을 때 크게 나타나고, 멀리 있을 때 작게 나타난다. 지구가 태양 주위를 한 바퀴 도는 데는 1년이 걸린다. 따라서 지구 가까이에 있는 별의 위치를 측정하면 1년 단위로 위치가 달라 보여야 하는데 이것이 연주 시차이다.

연주 시차 측정이 중요한 것은 이것이 지구가 태양 주위를 실제로 돌고 있다는 가장 확실한 과학적 증거일 뿐더러 별까지 거리를 알 수 있는 유일한 방법이기 때문이다. 그동안 많은 천문학자들이 연주 시차를 측정하려고 시도하지만 실패하였다. 태양 중심설이 옳다면 틀림없이 나타나야 할 연주 시차를 측정하지 못한 것은 여간 실망스러운 것이 아니었다. 코페르니쿠스의 태양 중심설을 반대하는 사람들은 연주 시차를 측정하지 못하는 것이 태양 중심설이 옳지 않다는 것을 나타내는 가장 확실한 증거라고 주장했다.

1725년, 영국의 천문학자 제임스 브래들리James Bradley, 1693~1762는 지구가 태양 주위를 공전하고 있다는 것을 확인하기 위해 연주 시차를 측정하기 시작했다. 브래들리는 관측 오차를 줄이기 위한 모든 준비를 마친 다음, 용자리의 감마별을 오랫동안 망원경으로 관측했다. 그랬더니 놀랍게도 이 별이 약 1초 정도 남쪽으로 내려가 있었다. 그러나 그것은 그가 측정하려고 한 연주 시차가 아니었다. 위치 변화가 예측한 방향과 반대 방향에서 나타났다. 브래들리는 이 별의 위치 변화를 계속 추적했다. 그 결과 이 별은 일 년 동안 작은 타원을 그리면서 돌고 있었다. 그는 이것이 연주 시차가 아니라 지구의 공전 운동 때문에 나타나는 광행차aberration라는 것을 알아냈다.

광행차가 왜 나타나는지는 하늘에서 내리는 비를 생각하면 쉽게 이해할 수 있다. 하늘에서 똑바로 떨어지는 비를 피하려면 우산을 똑바로 머리 위에 써야 한다. 그러나 앞으로 걸어가면서 비를 피하려면 우산을 앞으로 기울여야 한다. 앞으로 걸어가면 비가 앞쪽

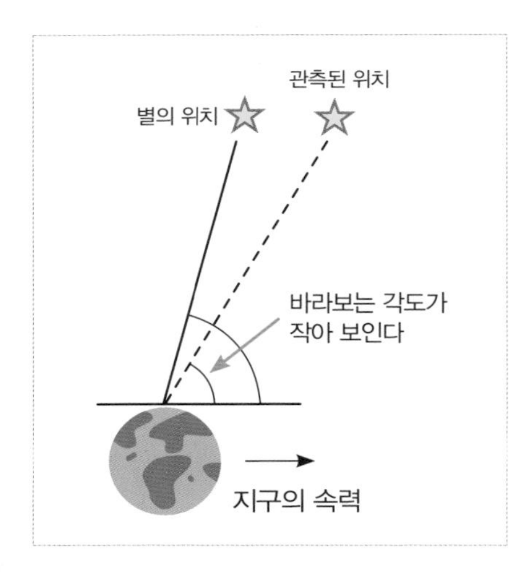

■ – 빠른 속력으로 달리면서 별을 측정하면 별이 달리는 방향으로 조금 기울어져 측정되는 것이 광행차이다.

에서 비스듬히 내리는 것처럼 보이기 때문이다. 비가 오는 날 자동차를 타고 가면 차창에 떨어지는 비가 비스듬히 사선으로 떨어지는 것처럼 보이는 것도 같은 이유이다. 빛의 경우에 이와 똑같은 일이 일어나는 것이 광행차이다.

광행차는 빛의 속력과 지구가 태양 주위를 도는 속력의 비에 따라 달라진다. 브래들리는 광행차를 측정하여 빛의 속력이 지구의 속력보다 1만 배 빠르다는 것을 알아냈다. 브래들리의 역사적 발견은 1729년 1월에 영국 왕립 협회에서 발표되었다. 그는 빛이 지구에서 태양까지 가는 데 걸리는 시간은 8분 12초 정도라고 계산했다.

연주 시차를 측정하려던 브래들리는 연주 시차를 측정하는 데는 실패했지만, 지구가 태양 주위를 빠른 속력으로 달리고 있다는 것을 증명하는 광행차를 측정하는 데 성공했다. 이것은 태양 중심설이 옳다는 것을 증명하는 과학적 증거가 되었고, 빛의 속력을 측정하는 새로운 방법을 제공했다. 그러나 연주 시차를 측정하는 문제는 그대로 남아 있었다. 별까지의 거리를 알아내기 위해서는 누군가가 해내어야 했다.

베셀이 마침내 연주 시차 측정에 성공했다

자신이 지은 쾨니히스베르크 천문대에서 관측 기술을 정교하게 가다듬으면서 별들의 위치를 정확하게 결정하는 연구를 하고 있던 베셀은 백조자리 61번 별을 6개월 동안 정밀하게 관측한 후 이 별의 연주 시차가 0.6272초, 즉 약 0.0001742도라는 것을 알아냈다. 이 값은 예상보다 아주 작은 값이었다. 팔을 뻗어 엄지손가락을 세운 후 왼쪽 눈과 오른쪽 눈을 번갈아 감으면서 엄지손가락의 바라볼 때 이 정도의 시차가 나타나려면 팔의 길이가 30킬로미터는 되어야 한다. 그동안 천문학자들이 연주 시차를 측정하지 못한 것은 연주 시차의 값이 이렇게 작았기 때문이었다.

별까지 정확한 거리를 모르는 당시의 천문학자들은 그 거리가 실제보다 훨씬 가까울 것이라고 생각했기 때문에 연주 시차의 값도 어느 정도 클 것이라고 예상했다. 베셀이 백조자리 61번 별의 연주 시차를 측정한 것은 오래전부터 이 별이 한 방향으로 이동하는 별이라고 알려졌기 때문이었다. 불빛이 없는 시골에서는 맨눈으로도 관측이 가능한 5등성과 6등성 사이의 밝기를 가진 이 별은 다른 별과는 달리 위치가 조금씩 변하고 있었다. 위치 변화를 쉽게 관측할 수 있다는 것은 이 별이 다른 별보다 가까이 있다는 것을 의미한다.

그러나 한 방향으로 이동하는 것은 연주 시차가 아니다. 연주 시차는 1년을 주기로 좌우로 움직여야 한다. 천문학자들은 이 별을 자세히 관측하면 좌우로 흔들리면서 한 방향으로 옮아간다는 것이 밝혀질 것이라고 생각했다. 베셀은 이 별을 6개월 동안 정밀하게 관측하여 마침내 연주 시차를 측정하는 데 성공했다.

각각의 별자리에 있는 별들은 밝은 순서대로 알파, 베타, 감마와 같이 그리스 알파벳 이름을 붙인다. 백조자리 알파별은 백조자리에서 가장 밝은 별이고, 백조자리 베타별은 백조자리에서 두 번째로 밝은 별이다. 그러나 어두운 별의 경우에는 그리스 알파벳을 이용하여 이름을 붙일 수 없기 때문에 번호를 붙여서 구별한다. 그러니 백조자리 61번 별은 61번째니까 어두운 쪽에 속한다.

베셀이 측정한 연주 시차를 이용하여 이 별까지의 거리를 계산하면 약 100조 킬로미터나 된다. 이것은 태양에서 지구까지 거리의 72만 배나 된다. 별까지의 거리는 그때까지 상상한 것보다 훨씬 멀었다. 태양계에서 가장 가까운 별 중 하나라고 생각한 이 별까지 거리가 이렇게 멀다면 다른 별까지는 훨씬 더 멀 것이다.

우주의 구조를 이야기하려면 거리를 알아야 한다. 거리는 우주의 크기는 물론 진화 과정과 나이를 결정하는 데도 꼭 필요한 양이다. 다시 말해 거리를 측정할 수 없다면 우리가 알아낼 수 있는 것이 거의 없다. 베셀이 별까지의 거리를 측정함으로써 본격적으로 별 세계를 탐구할 수 있게 되었다고 해도 과언이 아니다. 현재 우리는 우주에서 거리를 측정하는 다양한 방법을 알고 있지만 이것들은 모두 연주 시차 측정에 기초를 두고 있다.

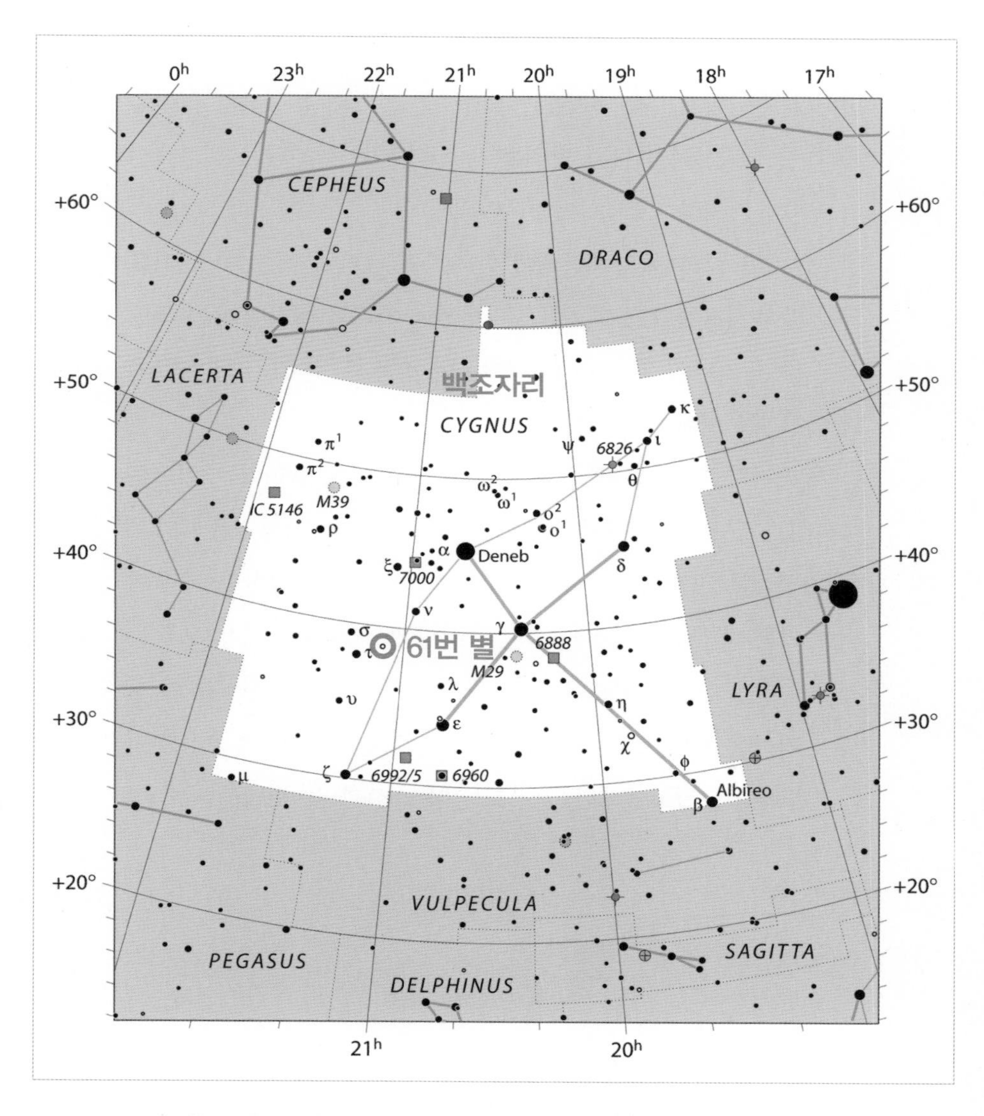

■ – 여름철 별자리인 백조자리의 61번 별(빨간 동그라미)은 어두운 별이다.

그런데 우주에서의 거리는 우리가 일상생활에서 사용하는 킬로미터라는 단위로 나타내기에는 너무 길다. 그래서 우주의 거리를 나타내는 데는 여러 가지 단위를 사용한다. 그중 하나는 태양에서 지구까지 거리를 1로 보는 천문단위AU이다. 1AU는 1억 5000만 킬로미터를 나타낸다. 태양계에서 거리를 나타낼 때는 이 단위를 가장 많이 사용한다. 그러나 AU는 별까지 거리를 나타낼 때는 적당하지 않다. 가까이 있는 백조자리 61번 별까지 거리도 약 72만AU나 되기 때문이다.

별까지의 거리를 나타낼 때는 빛이 1년 동안 달려가는 거리를 나타내는 광년light year이라는 단위를 주로 사용한다. 1광년은 약 9조 4600억 킬로미터이며, 이는 약 6만 3240AU에 해당한다. 우주에서 거리를 나타내는 데 사용하는 단위만 보아도 우주가 얼마나 큰 세상인지 짐작할 수 있을 것이다. 베셀이 측정한 백조자리 61번 별까지 거리를 광년으로 나타내면 약 10.4광년이었다. 그러나 후에 더 정밀하게 측정하였더니 그 거리는 약 11.4광년이었다.

표준 촛대를 찾아라

연주 시차를 측정하는 방법은 별까지의 거리를 측정하는 가장 확실한 방법이다. 그러나 이 방법으로는 약 300광년 정도 떨어져 있는 별까지의 거리만 측정할 수 있다. 이보다 더 멀리 있는 별의 경우에는 연주 시차가 너무 작아 현대적인 측정 기술을 이용해도 값을 측정할 수 없기 때문이다. 따라서 이것보다 멀리 있는 별이나 은하까지의 거리를 측정하는 데는 다른 방법을 사용한다.

우주에서의 거리 측정에 가장 많이 사용하는 방법은 표준 촛대를 이용하는 방법이다. 우리는 경험을 통해 전등불의 밝기가 거리의 제곱에 반비례한다는 것을 알고 있다. 같은 전등이라고 해도 두 배 멀리 떨어져서 보면 밝기가 4분의 1이 된다. 따라서 실제 밝기를 알고 있는 전등불의 밝기를 멀리서 측정하면 전등불까지의 거리를 계산할 수 있다. 이 방법으로 거리를 측정할 때 미리 밝기를 알고 있는 전등이 표준 촛대이다. 거리 측정의 기준이 된다는 뜻이다.

이 방법으로 별까지 거리를 측정하기 위해서는 별의 실제 밝기를 알고 있어야 한다. 밤하늘에는 밝고 어두운 수많은 별이 있다. 어떤 별이 밝게 보이는 것은 이 별이 실제로 밝은 별이기 때문일 수도 있지만, 가까이 있는 별이기 때문일 수도 있다. 어둡게 보이는 별의 경우도 마찬가지로 실제 어두운 별일 수도 있고, 멀리 있기 때문에 어둡게 보이는 것일 수도 있다. 그렇다면 어떤 별이 실제로 밝은 별이고, 어떤 별이 가까이 있어 밝게 보이는 것일까? 그리고 멀리 있는 별의 실제 밝기를 어떻게 알아낼 수 있을까?

멀리 있는 별의 실제 밝기를 알아내는 것은 쉬운 일이 아니다. 그러나 천문학자들은 몇 가지 특별한 별의 실제 밝기를 알아냈다.

이런 별의 실제 밝기와 관측된 밝기를 비교하면 이 별까지의 거리를 알아낼 수 있고, 따라서 이 별이 속해 있는 성단이나 은하까지의 거리도 알 수 있다. 그렇다면 표준 촛대로 사용할 수 있도록 실제 밝기를 알 수 있는 별에는 어떤 것이 있을까?

세페이드 변광성cepheid variable

별까지의 거리를 측정하는 표준 촛대로 가장 널리 이용되는 별은 세페이드 변광성이다. 변광성은 주기적으로 밝기가 변하는 별이다. 변광성 중에는 식변광성이 있는데 두 개의 별이 쌍을 이루어 서로 돌면서 한 별을 가리기 때문에 밝기가 주기적으로 변한다. 식변광성의 밝기가 변하는 주기를 관측하면 두 별의 질량의 비와 두 별 사이의 거리를 알 수는 있지만 이 별들의 실제 밝기는 알 수 없다.

그런데 팽창과 수축을 반복해 밝기가 변하는 세페이드 변광성은 밝기 변화의 주기가 별의 실제 밝기와 밀접한 관계가 있기 때문에 밝기 변화의 주기를 측정하면 실제 밝기를 알 수 있다. 따라서 세페이드 변광성은 표준 촛대로 사용할 수 있다. 식변광성과 세페이드 변광성은 밝기가 변하는 방법이 다르기 때문에 밝기 변화를 측정하면 쉽게 구별할 수 있다.

세페이드 변광성의 밝기 변화의 주기와 실제 밝기 사이의 관계를 처음 밝혀낸 사람은 미국의 헨리에타 레빗Henrietta Swan Leavitt, 1868~1921이다. 미국 하버드 천문대 대장, 에드워드 피커링Edward Charles Pickering, 1846~1919은 20세기 초에 50만 장의 별 사진을 찍은 후 여성으로 분석 팀을 구성하여 별들의 목록을 작성하는 작업을 했다. 대학을 졸업한 후 뇌막염으로 청각을 잃은 레빗은 건강이 회복되자 피커링의 분석 팀에서 자원봉사자로 일했다. 레빗은 다양한 종류의 변광성 중에서 세페이드 변광성에 특히 관심이 많았다.

■ ― 고물자리의 RS별은 약 41.5일을 주기로 밝기가 변하는 세페이드 변광성이다. 약 6500광년 거리에 있으며, 질량은 태양의 약 9배 정도이고, 밝기는 태양의 21700배 정도이다.

레빗은 소마젤란 은하에서 25개의 세페이드 변광성을 찾아냈다. 그는 이 은하에서 발견한 25개의 세페이드 변광성들이 지구에서 대략 같은 거리에 있다고 가정하고, 각각의 밝기와 밝기 변화의 주기를 그래프에 나타내 보았다. 그 결과 주기와 밝기 사이에 비례 관계가 있다는 것을 알게 된 레빗은 1912년에 이 내용을 『소마젤란 성운의 25개 변광성의 주기』라는 제목의 논문으로 발표했다.

그 후 연주 시차를 이용하여 정확한 거리를 측정할 수 있는 세페이드 변광성들의 밝기와 밝기 변화의 주기를 측정하여 실제 밝기와

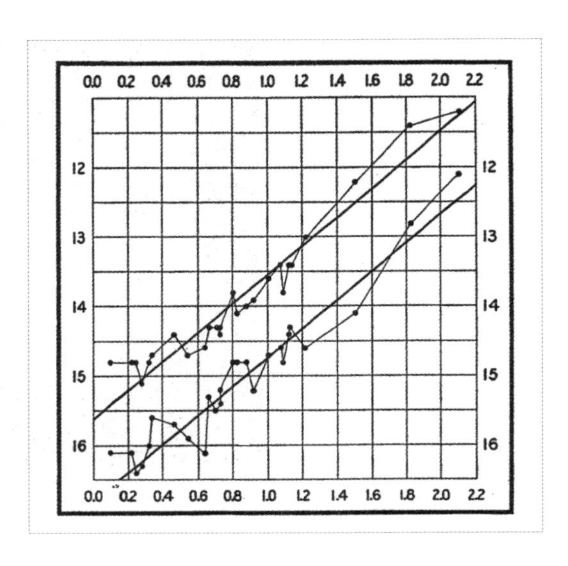

■ – 레빗의 논문에 실린 세페이드 변광성의 밝기 변화의 주기와 밝기의 관계 그래프. 세로축은 밝기, 가로축은 밝기 변화의 주기를 나타내며, 두 개의 그래프는 각각 가장 밝을 때와 가장 어두울 때를 기준으로 측정한 값을 나타낸다.

밝기 변화의 주기 사이에 어떤 관계가 있는지를 알아냈다. 다시 말해 세페이드 변광성의 밝기 변화의 주기를 측정하면 이 별의 실제 밝기를 알 수 있게 된 것이다. 밝기가 변하는 주기는 쉽게 측정할 수 있으므로 세페이드 변광성의 실제 밝기를 쉽게 알아낼 수 있게 되었다. 이제 천문학자들은 손쉽게 실제 밝기를 알 수 있는 표준 촛대를 확보할 수 있게 되어 우주에서의 거리 측정이 쉬워졌다.

1925년까지도 천문학자들은 우주에 우리 은하만 있는 것인지 우리 은하와 같은 은하들이 여러 개 있는지를 놓고 논쟁을 벌이고 있었다. 그러나 1925년 미국의 에드윈 허블Edwin Powell Hubble, 1889~1953이 안드로메다 성운에서 세페이드 변광성을 찾아내고, 이를 이용해 안드로메다 성운까지의 거리를 측정하는 데 성공했다. 그 결과 안드로메다 성운까지의 거리는 90만 광년이나 되어 그때까지 알려진 우리 은하의 지름보다 훨씬 멀리 있었다.

실제 안드로메다 성운까지 거리는 200만 광년이 넘지만 허블은 세페이드 변광성에 대한 이해가 부족했을 뿐더러 관측 오차까지 더해져 그 거리를 90만 광년이라고 한 것이다. 그러나 이 정도 증거로도 안드로메다 성운이 우리 은하 바깥에 있는 또 다른 은하라는 것이 명확해져서 이후 안드로메다 은하라고 부르게 되었다. 그 후 세페이드 변광성의 주기를 이용하여 개개의 변광성을 구별해 낼 수 있을 정도로 가까이 있는 은하까지의 거리를 측정할 수 있었다.

Ia(일 에이라고 읽는다.)형 초신성

그러나 은하 전체가 하나의 희미한 얼룩으로 보여 개개의 변광성을 구별할 수 없는 멀리 있는 은하는 세페이드 변광성을 이용하여 거리를 측정할 수 없다. 천문학자들은 20세기 말에 이런 은하까지의 거리를 측정하는 데 이용할 수 있는 또 다른 표준 촛대를 찾아냈다. 별의 일생을 연구한 천문학자들은 큰 별은 일생의 마지막 단계에 수천억 개로 이루어진 전체 은하보다도 밝게 빛나는 초신성 폭발 단계를 거친다는 것을 알아냈다. 초신성은 아주 밝기 때문에 개개의 별들을 구별할 수 없을 정도로 멀리 있는 은하에서 일어난 폭발도 관측이 가능하다.

그런데 큰 별의 일생 마지막 단계에 나타나는 초신성은 별의 크기에 따라 밝기가 다르기 때문에 표준 촛대로 사용할 수 없다. 그런데 초신성 중에는 Ia형이라고 부르는 특별한 형태의 초신성이 있다. 이런 초신성은 작은 별 가까이에 있는 별에서 물질이 날아와 쌓여 일정한 크기가 되면 폭발하는 초신성이다. 이런 초신성은 일정한

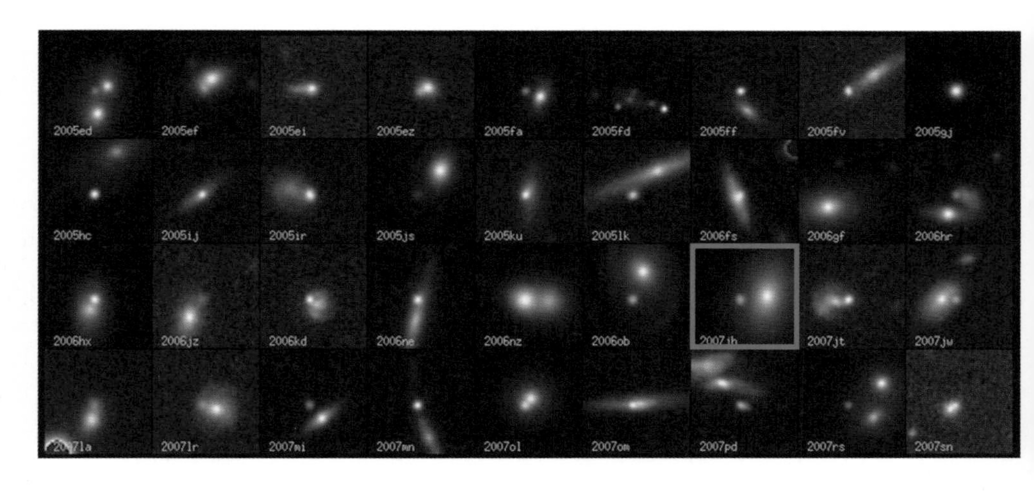

■ 희미하게 보이는 여러 은하에서 찾아낸 초신성. 하나의 밝기가 전체 은하의 밝기와 맞먹는다. 초신성 이름은 발견 연도와 알파벳 순서를 조합하여 나타낸다. 초신성 2007jh는 2007년에 jh(=242=9x26+8) 번째 찾아낸 것이다.

크기에 도달하면 폭발하기 때문에 밝기가 일정하다. 과학자들은 계산을 통해 이런 초신성의 실제 밝기를 알아냈다.

Ia형 초신성은 밝기의 변화가 특이하게 때문에 밝기의 변화를 관측하면 다른 초신성과 쉽게 구별할 수 있다. 따라서 Ia형 초신성을 구별해 낸 다음, 겉보기 밝기를 측정하면 계산을 통해 알고 있는 실제 밝기와 비교해 거리를 알아낼 수 있다. 20세기 말에 과학자들은 이런 방법으로 아주 멀리 있는 은하까지의 거리를 알아내고, 우주가 팽창하는 속력이 점점 더 빨라지고 있다는 것을 알아냈다.

허블 법칙을 이용하는 방법

은하까지 거리를 측정하는 데 가장 널리 사용되는 방법은 허블 법칙이다. 1929년, 미국의 에드윈 허블은 우리 은하 가까이 있는 몇 개의 은하를 제외한 대부분의 은하는 우리 은하에서 멀어지고 있다는 것과 은하가 멀어지는 속력이 은하까지의 거리에 비례한다는 것을 알아냈다. 은하가 멀어지는 속력이 은하까지의 거리에 비례한다는 것이 허블 법칙이다. 따라서 은하가 멀어지는 속력을 알아내면 은하까지의 거리를 알 수 있다.

과학자들은 은하에서 오는 빛에 나타나는 도플러 효과를 측정하여 은하가 멀어지는 속력을 알아낼 수 있다. 허블 법칙이 우주에서 거리를 재는 또 하나의 쓸모 있는 자가 된 것이다. 허블 법칙은 우주에서의 거리를 측정하는 데 쓰일 뿐만 아니라 우주가 팽창하고 있다는 것을 나타내는 중요한 법칙이다. 허블 법칙에 대해서는 제8장에서 자세하게 설명할 예정이다.

지금까지의 이야기를 정리해 보면 우주에서 거리를 측정하는 방법은 크게 세 가지로 나눌 수 있다. 첫 번째 방법은 연주 시차를 측정하는 것인데 가장 확실한 방법이지만 가까이 있는 별까지의 거리만 측정할 수 있다는 한계가 있다. 두 번째 방법은 밝기가 알려진 표준 촛대를 사용하는 방법으로 표준 촛대로 사용되는 천체에는 세페이드 변광성과 Ia형 초신성이 있다. 그리고 은하가 멀어지는 속력을 측정하여 은하까지의 거리를 알아내는 허블 법칙을 이용하는 방법이 있다. 천문학자들은 이런 방법들을 이용하여 별이나 은하까지의 거리를 측정해 우주의 구조나 진화 과정을 알아내고 있다.

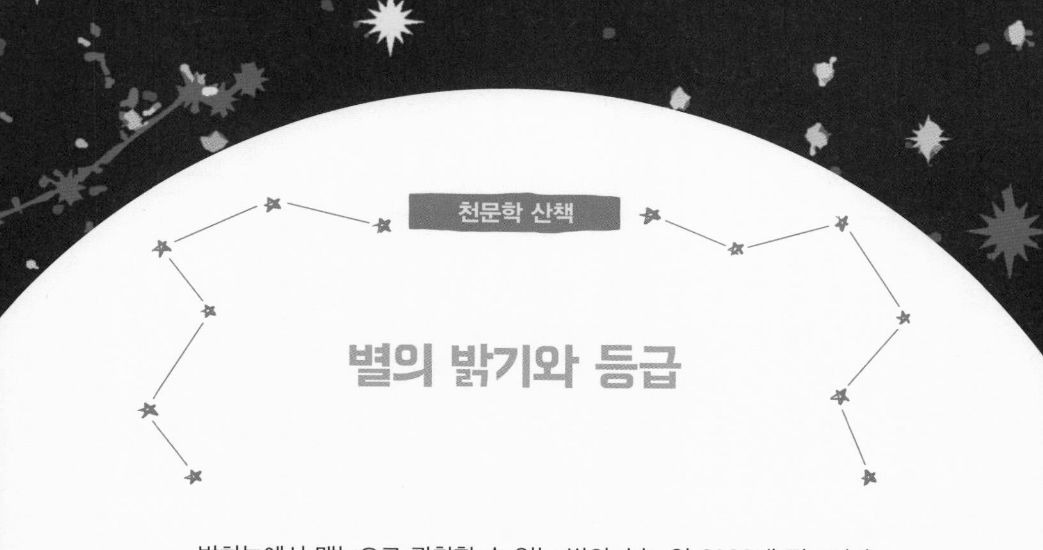

천문학 산책

별의 밝기와 등급

밤하늘에서 맨눈으로 관찰할 수 있는 별의 수는 약 6000개 정도이다. 고대 그리스의 히파르코스는 모든 별을 밝기에 따라 6등급으로 나누었다. 후에 망원경과 광도계를 이용하여 별의 밝기를 측정한 천문학자들은 1등성이 6등성보다 100배 더 밝다는 것을 알아냈다. 5등급 차이가 나는 별이 100배 더 밝기 위해서는 한 등급 차이가 날 때마다 2.512배 더 밝아야 한다. 다시 말해 1등성은 2등성보다 2.512배 더 밝고, 2등성은 3등성보다 2.512배 더 밝으며, 3등성은 5등성보다 2.512^2배, 즉 6.31배 더 밝다.

그렇다면 1등성보다 2.512배 더 밝은 별은 몇 등성이라고 해야 할까? 1등성보다 2.512배 더 밝은 별은 0등성이다. 그리고 1등성보다 6.31배 더 밝은 별은 −1등성이다. 이렇게 하여 별의 등급에도 음수 등급이 생겼다. 태양은 −26.7등성이고, 보름달의 밝기는 −12.9등성에 해당한다. 금성이나 목성과 같은 행성은 지구에서의 거리와 태양 빛이 비추는 면이 변하기 때문에 밝기가 일정하지 않다. 가장 밝은 때 금성은 약 −4.6등성, 화성은 약 −2.9등성, 목성은 약 −2.9등성, 토성은 약 −0.2등성의 밝기로 빛나고 있다.

그런데 우리가 관찰한 별의 밝기는 별까지의 거리에 따라 달라지므로 우리가 관측한 별의 밝기는 실제 별의 밝기가 아니다. 이렇게 눈에 보이는 별의 밝기를 겉보기 등급, 또는 안시 등급, 또는 실시 등급이라고 부른다. 안시라는 말은 눈으로 본 밝기라는 뜻이다.

밤하늘에 보이는 별 중에서 가장 밝은 것은 겨울철 별자리인 큰개자리의 가장 밝은 별인 시리우스이다. 지구에서 약 8.6광년 떨어져 있는 이 별은 모든 별 중에서 가장 밝아서 고대 이집트에서는 이 별이 태양과 함께 떠오르는 날을 한 해를 시작하는 날로 삼았다. 현대적 방법으로 측정한 시리우스의 등급은 −1.5등성이다. 여름철 별자리인 거문고자리에 있으며, 밤하늘의 별 중에서 다섯 번째로 밝은 직녀성의 밝기는 0.04등급이고, 독수리자리의 견우별은 0.77등성이다.

■ – 시리우스와 태양의 크기와 절대 등급 비교. 하늘에서 맨눈으로 볼 때 가장 밝은 별인 큰개자리의 시리우스는 약 8.6광년 떨어져 있는 별인데 태양보다 크다.

지구에서 볼 때 가장 밝은 10개 별

별 이름	밝기(겉보기 등급)	거리(광년)	별자리
시리우스	−1.5	8.6	큰개자리
캐노푸스	−0.73	98	용골자리
악투루스	−0.1	36	목동자리
리겔 켄타우리	0	4.3	켄타우르스자리
직녀성(베가)	0.04	26	거문고자리
카펠라	0.05	45	마차부자리
리겔	0.08	600	오리온자리
프로키온	0.34	11.4	작은개자리
베텔게우스	0.41	600	오리온자리
아케르나르	0.47	85	에리다누스자리

겉보기 등급과는 달리 절대 등급은 별의 실제 밝기를 비교하는 등급이다. 천문학자들은 별을 32.6광년에 가져다 놓았을 때 얼마나 밝게 보일지를 계산하고 그것을 절대 등급이라고 부른다. 지구에서 가장 가까이 있는 별인 태양은 아주 밝게 보이기 때문에 겉보기 등급은 −26.8등성이지만 32.6광년 떨어져서 보면 4.8등성으로 보인다. 따라서 태양은 별 중에서 작고 어두운 쪽에 속한다.

5장

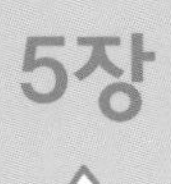

별빛을 분석하면 어떤 것을 알 수 있을까?

별빛은 별에 대한 모든 정보를 담고 있다!

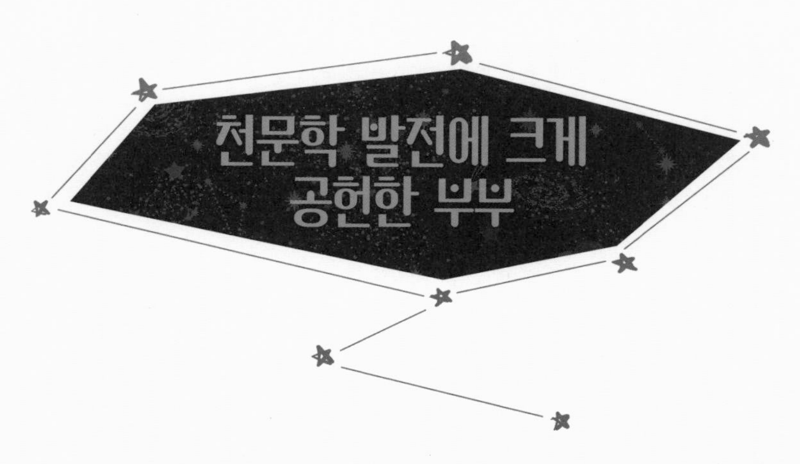

천문학 발전에 크게 공헌한 부부

몸이 허약해 대학을 다니지 못했지만 천문학에 관심이 많았던 영국의 윌리엄 허긴스William Huggins, 1824~1910는 자신의 재산을 털어 런던 교외에 있는 툴스 힐에 사설 천문대를 세우고 천문학을 연구했다. 윌리엄 허긴스보다 스물네 살이나 어린 마거릿 허긴스Margaret Lindsay Huggins, 1848~1915는 남편의 훌륭한 조력자이며 뛰어난 천문학자였다. 허긴스 부부는 천문학 발전에 가장 크게 기여한 천문학자 부부이다. 윌리엄 허긴스가 나이가 많아 관측 장비들을 다루기 어려워지자 마거릿 허긴스는 천체 관측을 도맡아 했다.

허긴스 부부가 천문학 발전에 기여한 가장 큰 업적은 별에서 오는 빛을 분석하여 별에 대한 정보를 알아내는 방법을 발전시킨 것이다. 별은 아주 멀리 있기 때문에 실제로 별에 가서 자세하게 조사할 수 없다. 따라서 별에서 오는 신호를 분석하여 정보를 얻어야 한다. 멀리 있는 별에서 오는 신호 중에 가장 많은 정보를 담고 있는 것은 빛이다. 천문학

■ – 천문학 발전에 크게 공헌한 윌리엄 허긴스와 마거릿 허긴스 부부

자들은 빛을 분석하여 수억 광년이나 떨어져 있는 은하의 구성 성분은 물론 온도나 내부 구조에 대해 자세하게 알아낼 수 있다.

별빛을 분석하여 별의 구성 성분과 별이 멀어지거나 다가오는 속력을 처음으로 알아낸 천문학자가 바로 허긴스 부부였다. 자신들이 세운 천문대에 지름이 20센티미터인 망원경과 빛을 분석하는 장치를 갖춘 허긴스 부부는 1863년, 별빛을 분석하여 별도 지구에 존재하는 것과 같은 원소들로 이루어져 있음을 알아냈다. 그는 오리온자리의 알파별인 베텔게우스가 나트륨·마그네슘·칼슘·철·비스무트와 같은 원소를 포함하고 있다는 것을 알아냈다.

허긴스 부부는 또한 1868년에 별빛을 분석하여 밤하늘에서 가장 밝게 빛나는 별인 큰개자리의 시리우스가 태양계로부터 초속 45킬로미터의 속력으로 멀어지고 있다는 것도 알아냈다. 지구에서 빛이 8.6년이나 달려가야 하는 먼 거리에 있는 시리우스 별의 속력을 측정하는 방법을 알아낸 것이다. 후세의 천문학자들은 허긴스 부부가 사용한 방법을 발전시켜 멀리 있는 은하들이 멀어지는 속력을 측정하고, 이를 이용하여 우주가 어떻게 시작되었으며, 어떻게 발전해 왔는지를 밝혀냈다.

천문학 발전에 크게 공헌한 윌리엄 허긴스는 1900년부터 1905년까지 영국 왕립 협회 회장을 지냈으며, 왕립 협회가 주는 코플리 메달을 비롯한 많은 상을 받았다. 1935년에는 달의 크레이터와 화성의 크레이터에 그의 이름이 붙여졌으며, 소행성 2635번에도 그의 이름이 붙여졌다. 이것은 취미로 천문학을 시작한 허긴스 부부가 천문학 발전에 얼마나 큰 공헌을 했는지를 잘 나타낸다.

그렇다면 허긴스 부부는 어떤 방법으로 멀리 있는 별의 구성 성분을 알아냈을까? 또 멀리 있는 별의 속력은 어떻게 측정할 수 있었을까?

더 많은 빛을 모으자

천문학에서는 멀리 있는 별과 은하를 연구한다. 멀리 있는 천체를 연구하기 위해서는 천체에서 오는 정보를 가능한 한 많이 모아야 한다. 갈릴레이는 망원경을 사용하여 멀리에서 오는 빛을 더 많이 모았기 때문에 태양계에 대한 새로운 사실을 알아내고, 태양 중심설이 옳다는 것을 증명할 수 있었다.

망원경은 지름이 큰 오목거울이나 볼록렌즈를 이용하여 별에서 오는 빛을 모아 밝은 상을 만들고, 이 상을 대안렌즈를 통해 확대해 본다. 망원경이 빛을 모으는 능력은 빛을 모으는 볼록렌즈나 오목거울의 크기가 좌우한다. 천문학자들이 더 큰 망원경을 만들려고 애쓰는 것은 더 많은 빛을 모아 더 희미한 천체를 관찰하기 위해서이다. 망원경을 이야기할 때 망원경의 지름을 이야기하는 것은 이 때문이다.

그러나 작은 망원경으로도 더 많은 빛을 모으는 방법이 있다. 오랫동안 빛을 모으면 된다. 우리 눈은 긴 시간 동안 빛을 모아 밝은 상을 만들어 낼 수 없지만 사진은 그것을 할 수 있다. 따라서 사진 기술을 천문학에 이용한 것은 망원경을 천문학에 이용하기 시작한 것만큼이나 중요한 사건이었다.

1827년에 처음 사진 기술을 발명한 사람은 프랑스의 조제프 니에프스Joseph Nicéphore Niépce, 1765~1833이다. 그러나 그가 발명한 사진은 선명하지 않았고, 한 장의 사진을 찍기 위해 여덟 시간이나 노출시켜야 했기 때문에 실용성이 없었다. 천문학 연구에 이용할 만큼 실용적인 사진 기술을 발명한 사람은 화가이자 물리학자인 루이 다게르Louis Daguerre, 1789~1851이다. 다게르가 1837년에 발명하여 1839년 1월에 발표한 다게레오타이프라고 불리는 사진 기술을 이용하면 20분에서 30분 정도 노출로 충분했다.

다게레오타이프를 천문학에 최초로 이용한 사람은 천왕성을 발견한 윌리엄 허셜의 아들인 존 허셜이다. 다게르가 새로운 사진 기술을 발표하고 몇 주일 후, 존 허셜은 다게레오타이프를 이용하여 아버지가 만든 가장 큰 망원경이 철거되기 직전의 모습을 사진으로 찍었다. 그는 사진 기술 발전에도 크게 이바지하였으며, 양화, 음화, 사진, 속사와 같이 사진에 사용하는 용어를 만들기도 했다. 그는 사진을 천체 관측에 이용했는데 망원경으로 관측한 것을 손으로 그리거나 말로 설명하는 것보다 사진을 통하여 훨씬 더 정확하게 전달할 수 있었다.

그러나 천문학에 사진을 이용하는 것을 염려하는 사람도 많았다. 그들은 사진 기술에 사용되는 화학 반응으로 만들어진 점들을 새로운 천체라고 생각하게 될는지도 모른다고 주장했다. 따라서 모든 관측 자료에는 시각적 관측인지 사진인지를 표시하도록 했다.

그러나 사진 기술이 널리 사용되면서 손으로 그린 것보다 사진이 훨씬 더 정확하고 객관적인 관측 결과라는 것을 인정하게 되었다. 커다란 망원경으로도 관측할 수 없었던 희미한 천체들도 노출 시간을 길게 하자 선명한 모습을 드러냈다. 망원경이나 사진 기술이 인간의 관측 능력을 얼마나 향상시켰는지를 보여 주는 단적인 예가 황소자리에서 관측되는 산개 성단인 플레이아데스 성단의 관측 결과이다. 플레이아데스 성단은 맨눈으로 보면 일곱 개의 별로 보이기 때문에 오랫동안 7자매별이라고 불렀다. 이후 망원경을 이용한 갈릴레이는 47개의 별을 보았고, 1880년대 말에 오랫동안 노출하여 찍은 사진에는 2326개의 별이 나타나 있었다.

■ – 맨눈으로도 쉽게 관측할 수 있는 황소자리의 플레이아데스 성단. 사진을 찍으면 망원경으로 관측할 때보다 훨씬 더 많은 별을 볼 수 있다.

원소에 따라 내는 빛의 종류가 다르다

별빛을 분석하여 별을 구성하고 있는 원소들을 알아내는 과학적 원리를 처음 찾아낸 사람은 독일의 로베르트 분젠Robert Wilhelm Bunsen, 1811~1899과 구스타프 키르히호프Gustav Robert Kirchhoff, 1824~1887

이다. 하이델베르크 대학의 교수로 있던 분젠은 기체와 공기를 적절하게 혼합하여 그을음을 남기지 않으면서도 높은 온도의 불꽃을 만들어 낼 수 있는 분젠 버너를 만들었다. 분젠은 이전에 다른 대학에서 같이 연구하기도 했던 키르히호프를 하이델베르크 대학으로 초청하여 함께 분광학 연구를 시작했다.

1700년대 초, 뉴턴은 태양 빛을 프리즘에 통과시키면 여러 가지 색깔의 빛으로 분산된다는 것을 알아냈다. 환하게 보이는 빛에는 파장이 다른 여러 가지 빛이 섞여 있었던 것이다. 빛이 여러 가지 다른 색깔로 보이는 것은 파장이 다르기 때문이다. 붉은 빛은 파장이 가장 긴 빛이고, 보라색 빛은 파장이 가장 짧다. 분광학은 빛을 여러 가지 색깔의 빛으로 분산시켜 어떤 파장의 빛이 얼마나 포함되어 있는지를 알아보는 연구 분야이다.

태양 빛을 프리즘에 통과시키면 여러 가지 색깔의 빛이 연속적으로 나타난다. 우리는 이것을 무지갯빛이라고 하고, 무지갯빛은 일곱 가지 색깔로 이루어졌다고 알고 있다. 그러나 무지갯빛이 실제로 일곱 가지 색깔로 이루어져 있는 것은 아니다. 무지갯빛은 연속적으로 변하는 수많은 빛으로 이루어져 있다. 이것을 몇 가지 색깔로 구분하느냐 하는 것은 인간의 시력과 문화적 전통에 따라 달라진다. 이렇게 연속적으로 변하는 여러 가지 색깔의 빛으로 이루어진 빛을 연속 스펙트럼이라고 한다.

분젠과 키르히호프는 분젠 버너를 이용하여 여러 가지 원소를 연소시키면서 그때 나오는 빛을 조사했다. 키르히호프는 물체의 온도가 높으면 연속 스펙트럼을 내지만 한 가지 원소로 이루어진 기체는 온도가 높으면 몇 개의 선으로 이루어진 빛을 낸다는 것을 알아냈다. 이렇게 몇 개의 선으로 이루어진 빛을 선 스펙트럼이라고 부른다. 분젠과 키르히호프는 원소가 내는 선 스펙트럼 모양이 원소의 종류에 따라 달라진다는 것을 알아냈다.

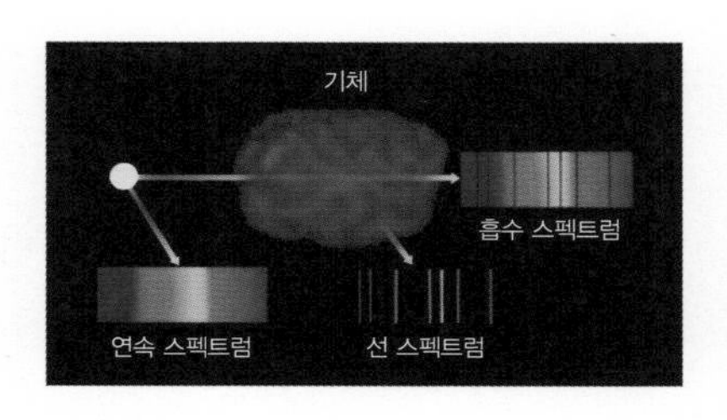

■ – 여러 가지 스펙트럼.

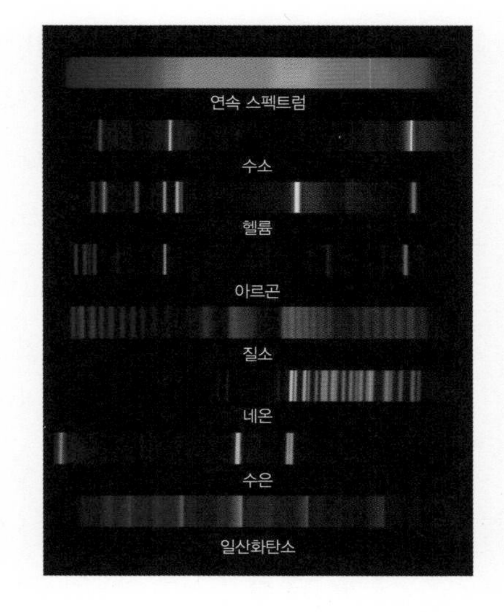

■ – 여러 가지 원소와 물질이 내는 고유 스펙트럼.

그들은 또한 고온의 물체가 내는 연속 스펙트럼을 온도가 낮은 기체에 통과시키면 일부 복사선이 흡수되어 검은 선으로 보이는 흡수 스펙트럼이 나타난다는 것도 발견했다. 어떤 원소가 높은 온도에서 내는 선 스펙트럼의 모양은 항상 같았으며, 온도가 낮을 때 빛을 흡수하여 만들어 내는 흡수 스펙트럼의 모양도 항상 같았다. 두 사람은 분젠 버너를 이용하여 그때까지 발견된 원소들이 내는 선 스펙트럼의 목록을 만들었다. 분젠과 키르히호프가 만든 원소들의 선 스펙트럼 목록은 많은 학자들이 새로운 원소를 발견하는 데 이용하였다.

분젠과 키르히호프는 1860년 샘물에서 추출한 화합물을 분젠 버너를 이용하여 태울 때 이전에 볼 수 없었던 새로운 스펙트럼이 나오는 것을 발견하고, 이 화합물에 새로운 원소가 들어 있다는 것을 확인했다. 그들은 이 새로운 원소를 '하늘 청색'이라는 뜻을 가진 라틴어, 세시우스에서 따서 세슘이라고 불렀다. 두 사람은 세슘을 발견하고 1년도 채 안 되어 루비듐도 발견했다. 그 후 많은 과학자들이 분광학을 이용하여 여러 가지 새로운 원소를 발견했다.

분젠이 발견한 원소들의 스펙트럼에 대해 알게 된 허긴스 부부는 이 방법을 이용해 별이 어떤 원소로 이루어져 있는지 알아보기로 했다. 고대 그리스 과학자들은 지상의 물체가 물, 불, 공기, 흙의 네 가지 원소로 이루어져 있는 것과 달리 천체는 다섯 번째 원소인 에테르로 이루어져 있다고 설명했다. 그 후 지구상의 물체는 네 가지가 아니라 훨씬 더 많은 종류의 원소로 이루어져 있다는 것을 알게 되었지만 천체도 우리가 알고 있는 원소로 이루어져 있는지는 확인할 수 없었다.

만약 천체들이 우리 주변의 물질과 전혀 다른 원소로 이루어져 있고, 다른 물리 법칙이 적용된다면 우리는 천체에 대해 아무 것도 알아낼 수 없을 것이다. 우리가 지구에서 알아낸 자연법칙이 우주에서는 쓸모없는 것이 되어 버리기 때문이다. 따라서 별이 어떤 원소로 이루어져 있는지를 알아내는 것은 매우 중요한 일이었다.

허긴스 부부는 자신들이 만든 천문대에 별빛을 분석할 수 있는 분광기를 설치하고 별에서 오는 빛을 조사했다. 그들이 처음 분석한 별은 오리온자리에서 붉은 색으로 밝게 빛나는 베텔게우스였다. 이 별에서 오는 빛은 여러 가지 복잡한 흡수 스펙트럼을 포함하고 있었다. 허긴스 부부는 하나하나의 검은 선들이 어떤 원소에 의한 것인지를 확인해 나갔다. 그 결과 베텔게우스가 지구에서 발견할 수 있는 원소들을 포함하고 있다는 것을 확인하였다.

이것은 우주도 우리 주변의 물체를 이루고 있는 원소와 같은 원소로 이루어졌다는 것을 의미하는 것이었다. 따라서 우리가 실험실에서 알아낸 자연법칙을 우주의 천체들에도 적용할 수 있게 되었다. 그 후에 행해진 많은 연구에서도 우주가 지구상의 물체와 같은 원소로 이루어졌고, 우주 어디에서나 같은 자연법칙이 적용될 것이라는 우리의 가정이 틀렸다는 증거는 발견되지 않았다.

온도에 따라 별의 색깔이 달라진다

멀리 있는 별의 정보를 전달해 주는 빛은 무엇일까? 18세기 초에 뉴턴은 빛이 작은 입자로 이루어져 있다고 주장했다. 그러나 19세기에 과학자들은 빛이 에너지를 전달해 주는 파동의 일종이라는 것을 알아냈다. 그러나 빛은 우리가 알고 있는 보통의 파동과는 성질이 다르다. 물결파나 소리와 같은 파동은 전달해 주는 매질이 있어야 전파된다. 그러나 빛은 그런 매질이 없어도 전파되었다. 처음 빛이 파동이라는 것을 확인한 과학자들은 우주 공간에 에테르라는 눈에 보이지 않는 매질이 가득 차 있는 것이 아닐까 하고 생각했다. 그러나 많은 노력에도 불구하고 그런 매질은 발견되지 않았다.

그런데 1860년대에 영국의 맥스웰이 빛이 전자기파라는 것을 발견했다. 우리 눈은 일정한 파장 범위의 전자기파만 인식할 수 있고, 그것을 빛이라고 부르고 있음을 알게 된 것이다. 과학자들은 우리 눈으로 볼 수 있는 전자기파를 가시광선이라고 부른다. 전자기파에는 가시광선 외에도 파장이 아주 긴 전파나 적외선, 파장이 짧은 자외선, 엑스선, 감마선에 이르기까지 여러 가지가 있다. 이들은 파장이 달라서 에너지가 다른 것 외에는 모두 성질이 같다. 앞에서 이야기한 것처럼 가시광선 중에는 붉은 빛이 가장 파장이 길고, 보라색 빛이 파장이 가장 짧다.

■ – 맨눈으로 보면 별의 색깔을 잘 구분하기 어렵지만 망원경으로 보면 별의 색깔이 다양하다. 별의 색깔은 표면 온도에 따라 달라진다.

모든 물체는 전자기파를 받아들이거나 전자기파를 방출하고 있다. 그런데 어떤 물체가 여러 가지 전자기파 중에서 어떤 것을 내느냐 하는 것은 물체의 온도에 따라 달라진다. 온도가 낮은 물체는 파장이 긴 전자기파를 내지만 온도가 높아지면 파장이 짧은 전자기파를 낸다. 온도가 낮을 때는 붉은색으로 보이다가 온도가 높아짐에 따라 푸른색으로 바뀌는 것은 이 때문이다.

그러나 온도가 높은 물체에서 한 가지 파장의 전자기파만 나오는 것이 아니라, 파장이 연속적으로 변하는 연속 스펙트럼이 나온다. 하지만 가장 강하게 나오는 빛의 파장은 온도에 따라 달라진다. 온도가 낮을 때는 파장이 긴 전자기파가 강하게 나오고, 온도가 높으면 파장이 짧은 전자기파가 다른 전자기파보다 강하게 나온다. 따라서 멀리 있는 별에서 오는 빛을 분석하여 어떤 파장의 빛이 가장 강하게 나오는지를 알아내면 그 별 표면의 온도를 알 수 있다.

별에서 나온 빛이 별 주변의 기체를 통과하면 기체가 특정한 파장의 빛을 흡수하여 검은 선들이 나타나는데 이 검은 선들을 분석하면 별빛이 통과한 기체의 구성 성분을 알 수 있다. 별에서 오는 빛에는 표면 온도에 따라 달라지는 연속 스펙트럼, 원소가 내는 선 스펙트럼, 온도가 낮은 기체가 흡수한 흡수 스펙트럼이 섞여 있다. 천문학자들은 이런 빛을 구분해 내고, 별의 온도, 별의 구성 성분, 별을 둘러싸고 있는 기체나 지구로 오는 동안에 통과한 기체의 구성 성분을 알아낸다.

별의 운동과 도플러 효과

사람들은 오랫동안 별이 정지해 있다고 생각했다. 별이 동쪽에서 떠서 서쪽으로 지고, 별자리가 계절마다 바뀌는 것은 모두 지구가 자전과 공전을 하기 때문에 나타나는 겉보기 현상이라고 생각했다. 그러나 1718년, 영국의 천문학자 에드먼드 핼리Edmund Halley, 1656~1742는 별도 움직인다는 것을 알아냈다.

그는 오래 전에 프톨레마이오스가 관측한 별들의 위치와 자신이 측정한 별들의 위치를 비교하여 큰개자리의 시리우스, 목동자리의 악투루스, 작은개자리의 프로키온의 위치가 변했다는 것을 확인했다. 핼리는 측정이 부정확하여 위치가 변한 것처럼 보이는 것이 아니라 위치가 실제로 변한 것이라고 주장했다.

별이 일정한 방향으로 움직여 가는 것을 별의 고유 운동이라고 한다. 고유 운동은 연주 시차나 광행차처럼 지구의 운동 때문에 움직여 간 것처럼 보이는 것이 아니라 실제로 별이 움직여 가는 것을 말한다.

별은 여러 별들이 연성을 이루어 서로를 중심으로 돌기도 하고, 한 방향으로 계속 움직여 가기도 한다. 별이 이렇게 움직여 가는 것은 주변에서 일어난 초신성 폭발과 같은 거대한 폭발의 영향이나 다른 천체와의 중력에 의한 상호 작용 때문이다.

그러나 거리가 아주 멀기 때문에 커다란 망원경을 사용하는 천문학자에게도 별의 위치 변화를 측정하는 것은 어려운 일이다. 별의 위치 변화를 알아내기 위해서는 몇 년 동안 정밀하게 관측해야 한다. 그런데 별의 운동을 측정하는 데 문제가 되는 것은 이것뿐만이 아니다.

별은 우리가 바라보는 방향과 수직한 방향으로 움직이기도 하지만 우리에게 다가오거나 멀어지기도 한다. 별이 우리가 바라보는 것과 수직한 방향으로 움직이는 경우에는 오랫동안 정밀하게 관측하면 별의 위치 변화를 알아낼 수 있고, 이를 통해 속력을 측정할 수도 있다.

그러나 별이 우리에게 다가오거나 멀어지는 경우에는 항상 같은 자리에서 관측되기 때문에 별이 움직이고 있는지 정지해 있는지 알 수가 없다. 별이 우리가 바라보는 방향, 다시 말해 시선 방향과 비스듬한 방향으로 움직이는 경우에는 시선 방향과 수직한 방향으로 움직인 성분만 알 수 있다. 따라서 망원경을 이용해 측정한 별의 고유 운동은 실제 별의 운동이 아니라 별의 운동 중에서 시선 방향과 수직한 성분이라는 것을 알 수 있다. 그렇다면 별의 시선 방향 속력, 즉 우리에게 다가오거나 멀어지는 속력은 측정할 수 없는 것일까?

이 문제는 1842년 오스트리아의 크리스티안 도플러Christian Johann Doppler, 1803~1853가 발견한 도플러 효과가 해결해 주었다. 기찻길 옆을 걸어 보거나 도로를 빠르게 달려가는 구급차를 본 사람은 누구나 도플러 효과를 경험해 보았을 것이다.

기차나 구급차가 다가올 때는 기차나 구급차가 내는 소리가 높은 소리로 들리지만 멀어질 때는 낮은 소리로 들리는 것이 도플러 효과이다. 소리를 내는 음원과 관측자의 거리가 가까워지고 있는가 아니면 멀어지고 있는가에 따라 같은 소리가 다르게 들리는 것이 도플러 효과이다.

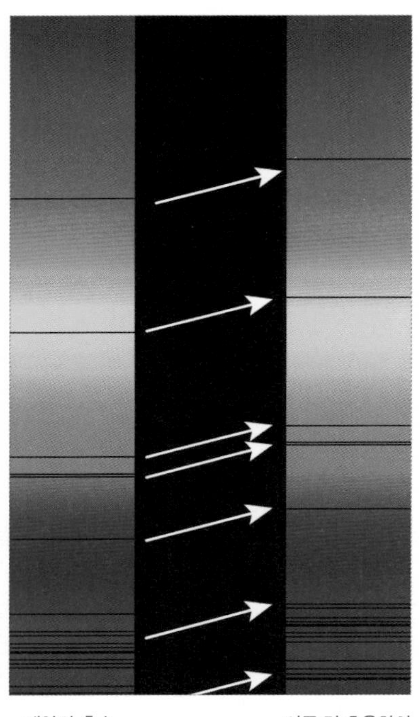

태양의 흡수 스펙트럼

아주 먼 초은하의 흡수 스펙트럼

■ – 두 스펙트럼의 모양이 똑같지만 은하의 흡수 스펙트럼은 적색 편이 때문에 모두 붉은색 쪽으로 이동해 있다.

그런데 도플러 효과는 소리에만 나타나는 것이 아니라 빛에도 나타난다. 빛을 내는 물체가 우리에게 다가오고 있으면 빛의 파장이 짧아지고, 멀어지고 있으면 파장이 길어진다. 별에서 오는 빛에는 원소가 내는 선 스펙트럼이나 흡수 스펙트럼이 들어 있다. 선 스펙트럼이나 흡수 스펙트럼은 그것을 내는 원소에 따라 고유한 모양으로 배열되어 있다. 그런데 어떤 별에서 온 빛의 선 스펙트럼이 모두 파장이 긴 쪽으로 이동해 있다면 그것은 그 별이 멀어지고 있다는 것을 나타내고, 파장이 짧은 쪽으로 이동해 있으면 그 별이 가까워지고 있다는 것을 나타낸다.

선 스펙트럼이 모두 파장이 짧은 쪽으로 이동해 있는 경우 과학자들은 청색 편이가 일어났다고 말한다. 파장이 짧은 파란색 쪽으로 스펙트럼이 이동했다는 뜻이다. 반대로 파장이 긴 쪽으로 이동해 있는 경우에는 적색 편이가 일어났다고 말한다. 그런데 청색 편이나 적색 편이는 별의 시선 방향 속력에 의해서만 일어난다. 따라서 별빛의 도플러 효과를 측정하면 고유 운동을 측정해서는 알 수 없었던 시선 방향 속력을 알아낼 수 있다.

1868년에 허긴스 부부는 큰개자리의 알파별인 시리우스의 도플러 효과를 측정하는 데 성공했다. 시리우스의 모든 스펙트럼 선이 0.15% 정도 파장이 긴 쪽으로 이동해 있었다. 허긴스는 시리우스가 지구에서 멀어지고 있기 때문에 이런 현상이 나타난다고 생각했다. 그 후 많은 천문학자들이 별과 은하들의 도플러 효과를 측정하여 이들이 우리에게서 얼마나 빠르게 멀어지고 있는지 아니면 가까워지고 있는지 알아냈다.

그러나 도플러 효과를 이용해 측정한 속력은 우리에게 다가오거나 멀어지는 속력뿐이다. 따라서 실제로 별이 어떤 방향으로 어떤 속력으로 이동하고 있는지를 알기 위해서는 별의 위치 변화도 정밀하게 측정해야 한다. 이런 측정을 통해 천문학자들은 멀리 있는 별들이 한 자리에 정지해 있는 것이 아니라 복잡한 운동을 하고 있다는 알아냈다. 그러나 멀리 있는 은하들은 별들과 다르게 움직이고 있었다.

대부분의 은하들이 적색 편이를 나타낸다

미국 애리조나주에 있는 로웰 천문대에서 천체를 관측하던 베스토 슬라이퍼Vesto Melvin Slipher, 1875~1969는 1912년, 별이 아닌 성운의 도플러 효과를 측정하는 데 성공했다. 슬라이퍼는 안드로메다 성운에서 오는 빛의 도플러 효과를 조사하여 안드로메다 성운이 태양계를 향해 초속 300킬로미터의 속력으로 다가오고 있다는 것을 알아냈다. 안드로메다 성운의 속력은 그때까지 측정된 어떤 별보다도 빨랐다. 당시에는 안드로메다 성운이 우리 은하 밖에 있는 또 다른 은하라는 것을 몰랐다. 따라서 우리 은하 안에 있는 천체가 이렇게 빠르게 운동하고 있다고 생각하여 매우 놀라워했다.

슬라이퍼는 자신의 관측 결과를 확인하기 위해 솜브레로라는 성운의 도플러 효과도 측정해 보았다. 그 결과 솜브레로 성운은 우리에게 가까워지는 것이 아니라 멀어지고 있었고, 그 속력은 초속 1000킬로미터나 되었다. 이것은 빛 속력의 1%에 달하는 빠른 속력이었다.

그다음 몇 년 동안 슬라이퍼는 더 많은 성운들의 도플러 효과를 측정했는데 대부분의 성운들이 놀라울 정도로 빠른 속력으로 달리고 있었다. 그런데 더 이상한 것은 우리에게 가까워지고 있는 성운은 몇 개 안 되고, 대부분은 멀어지고 있다는 것이었다. 1917년까지 측정한 25개의 성운 중에서 21개의 성운은 멀어지고 있었고, 네 개의 성운만이 다가오고 있었다. 천문학자들은 우리에게 다가오는 성운들과 멀어지는 성운들이 반반일 것이라고 예상했었다. 성운들이 특별히 한 방향으로 달릴 이유가 없기 때문이다.

그러나 측정 결과는 그렇지 않았다. 대부분의 성운들이 아주 빠른 속력으로 우리에게서 멀어지고 있었다. 이것은 쉽게 이해할 수 있는 일이 아니었다. 천문학자들은 이것을 설명하기 위해 여러 가지 이론을 제안했지만 어느 것도 제대로 설명하지 못했다.

슬라이퍼가 측정한 성운들이 우리 은하 안에 있는 천체가 아니라 우리 은하 바깥에 있는 또 다른 은하라는 것은 1925년에 에드윈 허블이 증명하였다. 또 그는 대부분의 은하들이 우리에게서 멀어지고 있는 이 현상이 가지는 의미를 밝히는 허블 법칙을 1929년에 발견하였다. 허블의 발견으로 우주에 대한 기존의 생각이 바뀌었으며, 과학자들이 우주의 시작과 그 후의 진화 과정에 관심을 가지게 되었다. 슬라이퍼는 성운에서 오는 빛의 도플러 효과를 자세하게 측정하여 허블이 역사적인 연구를 시작하도록 하는 기초를 마련한 셈이다.

천문학자와 교통경찰

천문대에서 도플러 효과를 측정하는 일을 하는 어떤 천문학자가 관측 시간에 늦지 않기 위해 빠르게 자동차를 몰고 천문대로 향하고 있었다. 운전하면서 그날 측정할 별과 도플러 효과에 대한 생각에 몰두한 그는 빨간 신호등을 그대로 지나쳐 버렸다. 다행히 길을 건너는 사람이 없어 사고가 나지는 않았지만 멀리서 이것을 보고 있던 교통경찰이 사이렌을 울리며 쫓아와 차를 세웠다.

"방금 빨간 신호등을 그대로 지나오셨지요? 운전 면허증을 보여 주세요."

그러자 천문학자는 교통경찰에게 대답했다.

"제가 지나온 것이 빨간 신호등이었나요? 제가 보기에는 파란 신호등이 틀림없는데요."

"틀림없이 빨간 신호등이었습니다. 운전 면허증을 보여 주세요. 아니면 경찰서까지 같이 가셔야 합니다."

천문학자는 할 수 없이 운전 면허증을 보여 주었다. 그러자 교통경찰은 신호 위반으로 10만원 벌금을 부과한다는 티켓을 끊었다. 그것을 본 천문학자는 한 마디 덧붙였다.

"제가 아마 빨리 달려 도플러 효과로 인해 빨간 신호등이 파란 신호등으로 보였나 봅니다."

그 말을 들은 교통경찰은 신호 위반 티켓을 찢으면서 말했다.

"아, 그러셨군요. 그러면 이 신호 위반 티켓은 무효입니다. 따라서 이것은 없던 것으로 해 드리겠습니다."

천문학자는 농담처럼 한 말을 그대로 받아들이는 교통경찰을 보고 오히려 당황했다. 그러나 교통경찰은 지갑에서 다른 종이를 꺼내 무엇인가 쓰더니 천문학자에게 주면서 말했다.

■ – 이 신호등이 파랗게 보이려면 시속 10만 km로 달려야 한다.

"그러나 대신 속도 위반으로 100만원의 벌금을 내셔야 하겠습니다. 빨간 신호등이 파란 신호등으로 보일 정도로 달리셨다면 속력이 시속 10만 킬로미터는 되었을 테니 이것도 많이 봐 드린 것입니다."

교통경찰의 진지한 표정에 천문학자는 아무 말도 할 수 없었다.

6장

시공간의 구조가 어떻게 중력을 만들어 낼까?

시공간이 휘어진 정도가 중력의 세기를 결정한다!

1912년 초, 알베르트 아인슈타인은 큰 고민에 빠져 있었다. 그는 벌써 5년째 새로운 이론을 만드는 데 열중하여 수많은 계산 끝에 새로운 이론을 거의 완성하였다. 그의 이론에는 우리가 살아가고 있는 공간이 질량이 큰 물체 부근에서 휘어져 있다는 내용이 들어 있었다. 평면이 휘어진다는 것은 쉽게 이해할 수 있는 이야기이지만 우리가 살고 있는 3차원 공간이 휘어진다는 것은 설명하기가 쉽지 않았다.

그때까지 공간이 휘어진다고 주장한 사람은 아무도 없었다. 따라서 그가 만들고 있는 이론은 누구도 생각하지 못한 새로운 것이었다. 쉽게 상상할 수도 없는 새로운 이론을 사람들이 받아들이게 하려면 확실한 증거가 필요했다. 아인슈타인의 고민은 자신의 이론을 다른 사람들에게 납득시킬 확실한 증거를 찾아내는 것이 어렵다는 것이었다.

아인슈타인의 계산에 의하면 우리 주변에 있는 물체들은 관측할 수 있을 정도로 크게 공간을 휘어 놓지 못했다. 따라서 그는 더 큰 물체를

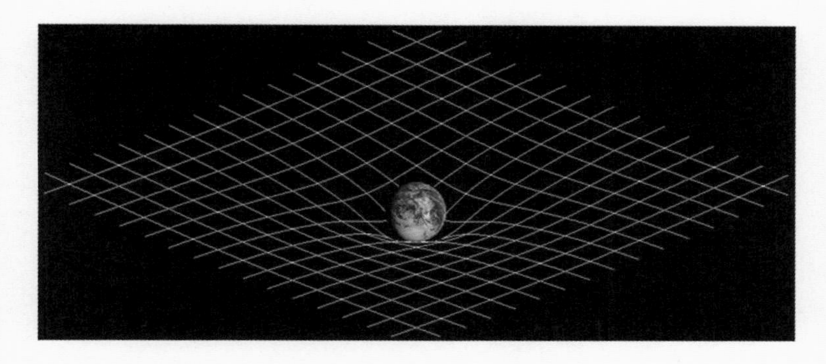

■ – 휘어진 공간

찾아내야 했다. 처음 아인슈타인은 지구 질량의 318배나 되는 목성이라면 우리가 관측할 수 있을 정도로 공간을 휘어 놓을 것이라고 생각했다. 그것을 확인하는 것은 아주 간단했다. 목성이 지나가는 길목에 있는 별들의 사진을 찍어 놓은 후 목성이 그 앞을 지나갈 때 다시 사진을 찍어 별의 위치가 달라져 보이는지를 비교해 보면 된다. 목성 주변의 공간이 휘어져 있다면 별에서 오는 빛이 목성 부근을 지나올 때 휘어져 별의 위치가 이동한 것처럼 보일 것이기 때문이다.

아인슈타인은 이런 측정을 하기에 가장 적합한 학자이며 친구인 에르빈 프로인틀리히Erwin Finlay-Freundlich, 1885~1964와 이 문제를 의논했다. 그러나 다시 계산해 본 아인슈타인은 목성에 의해 휘어지는 정도는 우리가 관측하기에 너무 작다는 것을 알게 되었다. 아인슈타인은 프로인틀리히에게 "자연이 우리에게 목성보다 더 큰 행성을 주었더라면 내 이론을 쉽게 증명할 수 있었을 텐데 아쉽군요."라고 말했다.

아인슈타인과 프로인틀리히는 태양계에서 가장 큰 천체인 태양을 이용하여 공간이 휘어져 있다는 것을 증명하는 문제에 대해 의논하기 시작했다. “지구 질량의 33만 배나 되는 태양이라면 관측이 가능할 정도로 공간을 휘게 할 것이 틀림없어요. 목성 대신 태양을 이용하는 방법을 생각해 봅시다.”

그러나 태양을 이용하는 데는 문제가 있었다. 태양에 의해 휘어진 공간을 통과해 온 별빛을 측정하려면 태양 가까이에 있어야 하는데 태양의 밝은 빛 때문에 관측이 쉽지 않았다. 그러나 태양 주위의 별을 관측할 수 있는 방법이 아주 없는 것은 아니었다. 달이 태양의 밝은 빛을 가리는 일식 때는 태양 주변의 별을 관측하는 것이 가능할 것이다. 1913년에 아인슈타인은 프로인틀리히에게 개기 일식 동안 태양 주위에 있는 별들의 사진을 조사하자고 제안했다.

“그동안 일식이 여러 번 있었고, 그때마다 많은 사람이 태양의 사진을 찍었으니까 태양 주위의 별이 찍힌 사진도 있을 겁니다. 그런 사진을 구해 태양이 없는 밤에 찍은 같은 별의 위치를 비교하면 우리 이론이 옳다는 증거를 찾아낼 수 있을 거예요.” 그러나 그때까지 다른 사람들이 찍은 사진에는 태양 주위의 별이 제대로 나타나 있지 않았다.

■ – 개기 일식

할 수 없이 두 사람은 1914년 8월 21일

흑해 지역에서 일어날 개기 일식 때 직접 태양 주위에 있는 별의 사진을 찍기로 했다. "탐사 여행에 필요한 준비는 내가 도와줄 테니까 프로인틀리히 선생이 직접 흑해 지역에 가서 태양 가까이 있는 별의 사진을 찍어 오시지요." 망원경을 설치할 충분한 시간을 벌기 위해 일식이 일어나기 한 달 전인 7월 19일 프로인틀리히는 흑해 지역을 향해 출발했다.

그러나 프로인틀리히가 흑해 지방을 여행하는 동안에 제1차 세계 대전이 일어나 독일과 러시아가 전쟁 상태에 들어갔다. 망원경과 사진 장비를 가지고 러시아를 여행하고 있던 프로인틀리히는 간첩으로 체포되고 말았다. 일식 사진은 찍지도 못하고 감옥에 갇히게 된 것이다. 그러나 다행히 그때 독일도 몇 명의 러시아 장교를 체포했다. 독일과 러시아는 포로 교환에 합의했고, 덕분에 프로인틀리히는 9월 2일에 독일로 돌아올 수 있었다. 많은 것을 파괴한 제1차 세계 대전은 과학의 역사를 바꾸어 놓을 수 있었던 중요한 탐사 여행도 망쳐 놓았다.

그렇다면 아인슈타인과 프로인틀리히가 일식 관측을 통해 증명하려던 '공간이 휘어진다'는 것은 무슨 이야기일까? 그리고 프로인틀리히가 제1차 세계 대전 때문에 실패한 일식 관측은 누가 해냈을까? 공간이 휘어졌다는 것을 발견한 것이 천문학 발전에는 어떤 영향을 주었을까?

1905년 스위스 베른에 있는 특허 사무소에서 일하는 25세의 아인슈타인은 과학의 역사를 바꾸어 놓을 중요한 논문을 발표했다. 그것은 우리가 측정하고 있는 길이, 시간, 질량과 같은 물리량이 무엇을 의미하는지를 근본적으로 바꾸어 놓은 중요한 논문이었다. 후에 아인슈타인이 1905년에 발표한 이론은 특수 상대성 이론이라고 불리게 되었다.

길이, 시간, 질량과 같은 물리량을 측정한 후 측정된 물리량 사이에 어떤 관계가 있는지를 밝혀내는 것이 물리학이다. 따라서 물리학에서는 물리량을 측정하는 것이 매우 중요하다. 물체의 길이 · 질량, 시간과 같은 물리량을 측정할 때 그 물체와 측정하는 사람 사이의 상대적인 운동이 측정한 물리량에 어떤 영향을 주는지를 다룬 것이 특수 상대성 이론이다.

특수 상대성 이론을 이해하기 위해 일정한 주기로 추가 흔들리고 있는 괘종시계를 생각해 보자. 뉴턴의 역학에서는 서서 측정하든 달리면서 측정하든 괘종시계의 길이와 무게, 시간이 같고, 길이와 무게, 시간 사이의 관계를 나타내는 물리 법칙도 같아야 한다. 우리의 일상 경험에 비추어 보아도 그것은 너무 당연하다. 서서 볼 때와 달리면서 볼 때 괘종시계는 항상 같은 모습으로 보이고, 시간도 같게 측정되기 때문이다.

■ – 특수 상대성 이론에 따르면 정지 상태에서 구로 보이는 공이 빛 속력의 99%나 되는 속력으로 달리면 높이는 같지만 폭이 좁아진 길쭉한 타원체로 측정된다.

그러나 그렇게 되면 서서 측정할 때와 달리면서 측정할 때 빛의 속력이 달라야 한다. 길가에 서서 버스의 속력을 측정할 때와 기차를 타고 달리면서 버스의 속력을 측정할 때 버스의 속력이 다르다는 것은 누구나 알고 있는 사실이다. 그렇다면 빛의 속력도 서서 측정하느냐, 아니면 달리면서 측정하느냐에 따라 달라져야 한다. 그러나 정밀한 실험을 한 과학자들은 빠른 속력으로 달리고 있는 지구에서 측정할 때 모든 방향으로 달리는 빛의 속력이 같다는 것을 알아냈다. 이것은 뉴턴 역학으로는 설명할 수 없는 일이다. 19세기 말 과학자들은 이 문제로 어려움을 겪고 있었다.

1905년 아인슈타인은 이 문제를 해결하기 위해 새로운 이론을 제안했다. 서서 측정하거나 달리면서 측정한 물리량이 같을 뿐만 아니라 물리 법칙도 같다는 뉴턴 역학의 설명을 무시하고, 서서 측정할 때나 달리면서 측정할 때 물리 법칙과 빛의 속력이 같은 대신 길이·질량·시간과 같은 물리량이 달라진다고 주장했다. 일정한 속력으로 달리고 있는 사람 모두에게 빛의 속력이 같게 측정되도록 하기 위해 물리량들을 희생시키기로 한 것이다. 이것은 쉽게 이해할 수 없는 이야기이지만 이렇게 하면 여러 가지 물리 현상을 모순 없이 잘 설명할 수 있다는 것을 알게 되었다.

아인슈타인이 제안한 특수 상대성 이론에 의하면 누구에게나 물리 법칙이 같고, 빛의 속력이 같게 측정되기 위해서 속력이 빨라지면 길이가 짧아져야 하고, 시간은 천천히 가야 하며, 질량은 증가해야 한다. 우리 주변에서 이런 일들을 관측할 수 없는 것은 우리 주변에서 우리가 경험할 수 있는 속력이 빛의 속력에 비해 아주 느리기 때문이다. 이런 일은 빛의 속력과 비교할 수 있을 정도로 빨리 달릴 때만 측정이 가능할 정도의 크기로 일어난다.

질량이 에너지로 바뀌기도 한다

특수 상대성 이론에 의하면 속력이 빨라지면 질량도 증가한다. 물체의 속력을 증가시키기 위해 물체에 가해 준 에너지의 일부가 질량으로 변하기 때문이다. 이것은 질량이 물체의 고유한 양이며, 에너지와 질량은 전혀 다른 물리량이라고 보는 예전의 생각을 완전히 바꾸어 놓는 것이다.

뉴턴 역학에 의하면 물체에 힘을 가하면 속력이 점점 빨라진다. 따라서 뉴턴 역학에서는 물체에 오랫동안 힘을 가하면 얼마든지 빠르게 달릴 수 있다고 생각했다. 그러나 특수 상대성 이론에서는 그것이 불가능하다. 물체에 가해 준 에너지의 일부가 질량으로 변하기 때문에 속력이 빨라질수록 물체가 점점 더 무거워진다. 물체의 속력이 빛의 속력에 가까워지면 질량이 무한대로 커진다. 따라서 질량이 있는 물체는 빛보다 빠르게 달릴 수 없다. 빛의 속력으로 달릴 수 있는 것은 질량이 없는 빛뿐이다.

■ – 울진 원자력 발전소. 원자력 발전소에서는 질량이 에너지로 바뀐다는 특수 상대성 이론을 바탕으로 우리가 쓰는 전기 에너지의 많은 부분을 생산한다.

질량이 에너지로 바뀔 때 얼마나 많은 에너지가 나오는지를 알려 주는 식은 $E=mc^2$이다. 이 식은 현대 물리학에서 가장 유명한 식이 되었다. 그 후 과학자들은 태양과 같은 별들이 오랫동안 밝게 빛날 수 있는 것은 별 내부에서 작은 원자핵이 합쳐져서 큰 원자핵으로 변하는 핵융합 반응이 일어날 때 질량의 일부가 에너지로 바뀌면서 많은 에너지를 만들어 내기 때문이라는 것을 알아냈다. 별 내부에서 일어나고 있는 핵융합 반응은 많은 에너지를 방출해 별이 밝게 빛날 수 있도록 할 뿐만 아니라 우주가 처음 시작되었을 때는 존재하지 않았던 무거운 원소들도 만들어 내고 있다.

그리고 우리가 살아가는 데 필요한 전기의 많은 부분을 생산하는 원자력 발전소에서는 커다란 원자핵이 작은 원자핵으로 분열할 때 질량의 일부가 에너지로 바뀌는 것을 이용하여 전기 에너지를 생산한다. 질량이 에너지로 바뀐다는 특수 상대성 이론의 예상은 이제 우리의 일상생활에도 큰 영향을 끼치게 되었다.

길이가 짧아지고, 질량이 증가한다는 것도 쉽게 받아들이기 어려운 이야기이지만 시간도 측정하는 사람에 따라 달라진다는 것은 더욱 이해하기 어려운 이야기이다. 오래전부터 사람들은 시간은 과거에서 현재로, 그리고 다시 미래로 일정하게 흐른다고 생각해 왔다. 우주에서 여러 가지 사건들은 모두 일정하게 흐르는 시간 속에서 일어난다고 생각했다. 이렇게 우주에서 일어나는 사건과 관계없이 일정하게 흘러가는 시간을 절대 시간이라고 한다.

그러나 아인슈타인은 시간마저도 측정하는 사람에 따라 달리지는 상대적인 양이라고 주장했다. 이것은 우리가 알고 있던 물리량과 물리 법칙, 우주에 대한 생각을 근본적으로 바꾸어 놓는 것이다. 그리고 절대로 틀릴 리가 없다고 생각해 온 뉴턴 역학이 빠르게 달리는 물체에서는 성립하지 않는다는 것을 나타내는 것이다.

아인슈타인이 특수 상대성 이론을 발표한 1905년에는 빛의 속력과 비교할 수 있을 정도로 빠르게 달리는 물체가 없었기 때문에 아인슈타인의 이론이 옳은지를 확인하는 것이 쉽지 않았다. 그러나 현재 세계 곳곳에 설치되어 있는 입자 가속기 안에서는 양성자나 전자와 같은 입자들이 빛 속력의 99.9%가 넘는 속력으로 달리기 때문에 실험을 통해 아인슈타인의 이론을 증명하는 것이 쉬워졌다. 이런 입자들을 이용한 모든 실험은 아인슈타인의 이론이 옳다는 것을 나타내고 있다. 우리가 살아가고 있는 우주는 우리가 일상 경험을 통해 알던 우주와는 다르다는 것이 밝혀지기 시작한 것이다.

■ — 포항 방사광 가속기. 전자를 빛에 가까운 빠르기로 가속한다.

물체에 대한 상대 속력에 따라 세상이 어떻게 달라지는지를 설명하는 특수 상대성 이론을 만든 아인슈타인은 속력이 빨라지거나 느려지고 있는 관측자에게 세상이 어떻게 보이는지에 대해 연구하기 시작했다. 아인슈타인은 우선 물체에 작용하는 힘에 대해 생각했다. 질량이 m인 물체가 a의 가속도를 내기 위해서는 $F=ma$에 해당하는 크기의 힘을 가해야 한다. 이 힘을 '관성력'이라고 부른다. 그리고 지구 표면에서 질량이 m인 물체에 작용하는 중력은 $F=mg$이다. 그렇다면 가속도가 g인 경우에는 관성력도 $F=mg$가 되어 두 힘이 같아진다.

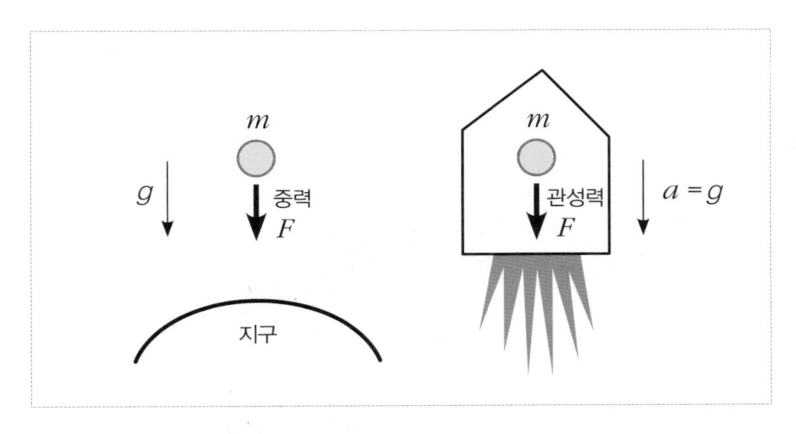

■ – 지구에 의한 중력 가속도(g)와 로켓의 가속도(a)가 같은 경우 물체에 작용하는 힘(F)이 같아져 중력에 의한 것인지 가속도에 의한 것인지 구별할 수 없다.

아인슈타인은 이런 사실을 바탕으로 밖을 내다볼 수 없는 로켓 안에서 물체에 가해지는 힘을 측정하는 것만으로는 그것이 중력에 의한 것인지 아니면 가속도에 의한 것인지를 구별할 수 없다는 등가 원리를 제안했다. 등가 원리는 가속도의 크기와 중력 가속도의 크기가 같은 곳에서는 어떤 실험을 해도 똑같은 일이 일어난다는 것이다.

이제 엘리베이터의 한쪽 벽에 난 창문을 통해 들어온 빛이 엘리베이터를 가로질러 반대편 벽에 도달하는 경우를 생각해 보자. 엘리베이터가 정지해 있는 경우에는 한쪽 벽에 있는 창문으로 들어온 빛이 엘리베이터를 가로질러 반대편 벽 같은 높이에 도달할 것이다. 그러나 엘리베이터가 일정한 속력으로 상승하고 있는 경우에는

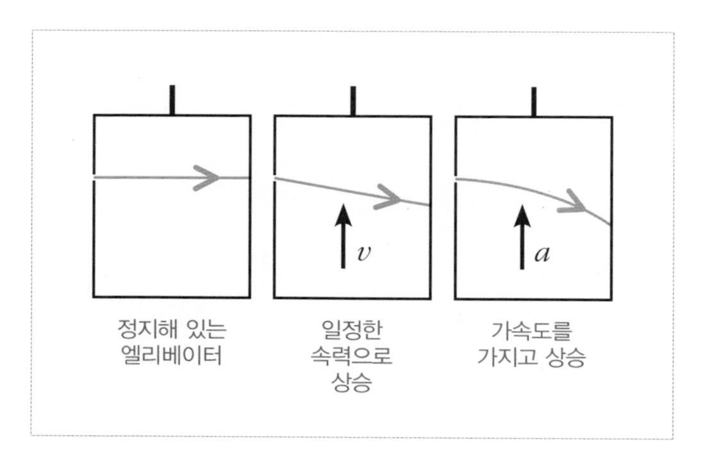

■ – 엘리베이터가 가속도를 가지고 상승할 경우 빛의 경로는 포물선이 된다.

빛이 엘리베이터를 비스듬하게 가로질러 반대편 벽 낮은 곳에 도달할 것이다. 엘리베이터가 올라가는 속력이 빠르면 빠를수록 빛이 더 낮은 곳에 도달하겠지만 빛은 비스듬한 직선 경로를 따라서 지나갈 것이다.

하지만 엘리베이터가 가속도를 가지고 있어 점점 더 빨라지는 속력으로 상승하고 있는 경우에는 빛이 포물선을 따라 엘리베이터를 가로질러 반대쪽 벽의 낮은 지점에 도달할 것이다. 앞에서 이야기한 등가 원리에 의하면 가속도를 가지고 달리는 경우나 중력이 작용하는 경우나 똑같은 일이 일어나야 하므로 빛이 포물선을 따라 진행하는 현상은 중력이 작용하는 경우에도 나타나야 한다.

빛은 항상 직선으로 달리고 있는 것으로 알고 있었다. 그러나 아인슈타인의 일반 상대성 이론에 의하면 중력이 작용하는 경우에는 빛이 포물선을 따라 진행해야 한다. 아인슈타인은 특수 상대성 이론에서 빛의 속력을 기준으로 하여 물리학을 새로 썼던 것처럼 여기서도 빛을 기준으로 생각하기로 했다.

다시 말해 빛은 중력이 작용하는 경우에도 직선으로 달리지만 중력에 의해 공간이 휘어져 있기 때문에 휘어져서 나아가는 것처럼 관측된다는 것이다. 이렇게 해서 공간이 휘어진다는 생각이 도입되었다. 직선이나 평면이 휘어진다는 것을 쉽게 이해할 수 있는 것은 우리가 3차원 공간에 살고 있기 때문이다. 그러나 우리가 살고 있는 3차원 공간이 휘어진다는 것은 우리의 감각으로는 이해하기 어렵다. 그러나 휘어진 공간을 수학적으로 나타내는 것은 가능했다. 따라서 아인슈타인은 휘어진 공간을 이용하여 중력을 설명하는 새로운 이론을 제안했다.

다시 말해 일반 상대성 이론은 휘어진 공간을 이용하여 중력을 설명하는 이론이다. 뉴턴은 물체들이 멀리 떨어져서 원격 작용에 의해 중력이 작용한다고 설명했다. 그는 원격 작용이 어떻게 일어나는지를 설명하지 않은 채 중력의 세기를 계산하는 식만을 제안했다. 뉴턴의 식은 200여 년 동안 천체 사이의 중력을 설명하는 데 성공적이었다. 그러나 이제 아인슈타인은 중력을 전혀 다른 방법으로 설명하는 새로운 중력 이론을 내놓은 것이다.

일반 상대성 이론에서는 중력이 셀수록 공간이 많이 휘어진다. 공간이 얼마나 많이 휘어졌는지를 나타내는 것을 '공간의 곡률'이라고 한다. 따라서 중력은 이제 공간의 곡률을 나타내게 되었다. 새로운 중력 이론은 블랙홀과 같이 중력이 강한 천체 주변에서 일어나는 일과 우주의 시작과 진화 과정을 설명하는 기본 이론이 되었다. 일반 상대성 이론으로 인해 우주의 시작, 진화 과정, 별들의 일생에 대해 많은 것을 이해할 수 있게 된 것이다.

제1차 세계 대전이 일어나 프로인틀리히의 탐사가 실패하였기 때문에 아인슈타인은 일식 때의 별 사진을 증거로 넣지 못한 채 1915년 11월에 일반 상대성 이론에 관한 논문을 독일 과학 아카데미에 제출했다. 따라서 빛이 태양 주변을 지날 때 휘어진다는 것을 누군가가 측정하여 일반 상대성 이론이 옳다는 것을 증명해야 했다. 이 일을 해낸 사람은 영국의 아서 에딩턴Arthur Stanley Eddington, 1882~1944이다.

에딩턴의 일식 측정

에딩턴은 1919년에 남아메리카부터 아프리카까지 관찰된 일식 때 태양 주변 별들의 사진을 찍는 데 성공하여 아인슈타인의 일반 상대성 이론이 옳다는 것을 증명했다. 케임브리지 대학의 천체 연구소 소장인 에딩턴은 종교적인 이유로 군에 입대하기를 거부하여 수용소에 갈 수밖에 없는 처지가 되었다. 그러자 다른 천문학자들이 에딩턴을 수용소에 보내는 대신 1919년 3월 29일에 있을 개기 일식을 관측하는 임무를 맡기자고 정부에 제안했다.

아인슈타인의 상대성 이론을 잘 이해하고, 천체를 관측하는 일에 누구보다 뛰어난 에딩턴은 이 임무를 수행하기에 가장 적임자였다. 에딩턴은 관측 팀을 둘로 나누어 한 팀은 브라질의 소브라우로 가도록 하고, 자신은 두 번째 팀을 이끌고 서부 아프리카의 적도 기니 해변에서 조금 떨어진 프린시페섬으로 갔다. 한 곳에서 날씨가 좋지 않아 관측이 실패하더라도 다른 곳에서 관측에 성공하기를 바랐기 때문이었다.

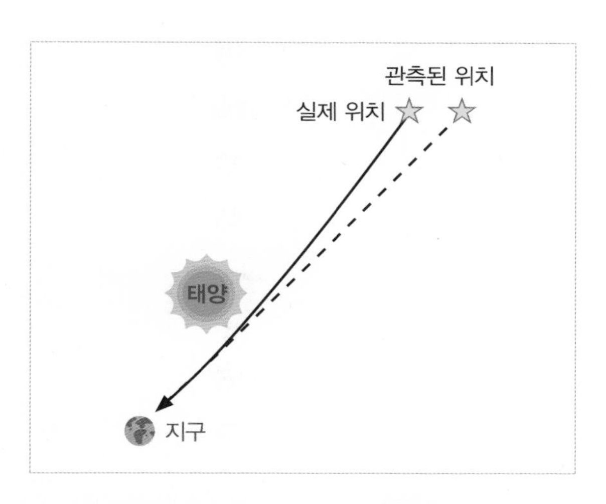

■ – 별빛이 태양 주변을 지나면서 휘어지기 때문에 별이 태양에서 더 멀리 있는 것처럼 관측된다.

에딩턴이 이끄는 탐사 팀이 관측을 시작하기 전까지 프린시페에는 비가 계속 내렸다. 그러나 일식이 시작하자 비가 멈추고 구름 사이로 태양이 조금씩 보였다. 한 장의 사진을 찍을 때마다 사진 건판을 갈아 끼워야 하는 구식 카메라를 사용했기 때문에 프린시페 팀은 모두 16장의 사진을 찍었다. 그런데 사진 대부분은 구름이 별을 가려 쓸모가 없었다. 그러나 구름이 없어지는 아주 짧은 순간에 찍은 한 장의 사진에는 태양 주위의 별들이 나타나 있었다.

에딩턴은 이 사진을 이용하여 태양 가까이에 있는 별의 위치 변화가 1.61초 정도라는 것을 알 수 있었다. 여러 가지 원인에 의한 오차는 0.3초 정도였다. 아인슈타인이 일반 상대성 이론을 이용해

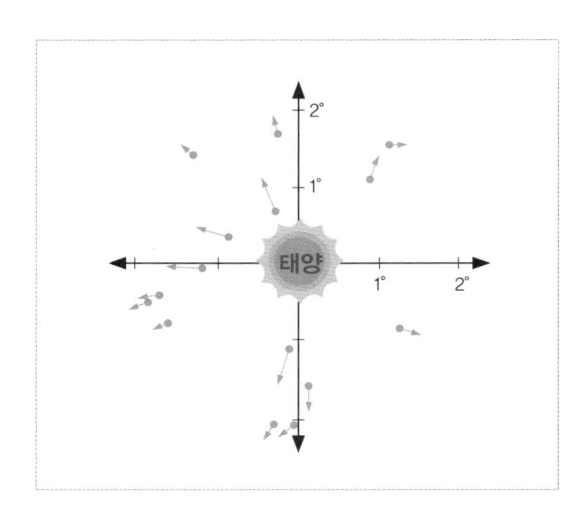

■ – 에딩턴의 관측 결과. 태양 주변 별들의 위치가 화살표 방향으로 옮아 있다.

예측한 값은 1.74초였다. 이것은 아인슈타인의 예상이 실제 측정값과 일치한다는 것을 뜻하는 것이었다. 소브라우에서도 마지막 순간에 날씨가 좋아져 일식이 일어나는 동안 태양 주위의 별 사진을 찍는 데 성공했다. 소브라우에서 찍은 사진의 분석 결과도 아인슈타인의 이론이 옳다는 것을 나타내고 있었다.

에딩턴은 이 관측 결과를 1919년 11월 6일 왕립 천문 학회와 왕립 협회가 공동으로 개최한 회의에서 발표했다. 에딩턴은 이 회의에서 관측 결과와 이 관측 결과가 가지는 놀라운 의미를 설명했다. 그것은 200년 이상 진리로 받아들여져 온 뉴턴의 중력 이론이 새로운 이론으로 대체되었다는 것을 의미하고, 과학이 새로운 시대로 접어든다는 것을 의미했다. 에딩턴의 발표로 아인슈타인은 과학자로는 드물게 국제적인 스타가 되었다. 이전에도 과학자들 사이에서는 널리 알려졌지만 에딩턴의 발표 이후에는 모든 사람들이 알아보는 국제적인 유명 인사가 되었다. 그가 가는 곳마다 수많은 사람들이 몰려들었고, 그가 하는 강연에는 빈자리를 찾아볼 수 없었다.

아인슈타인은 1921년에 노벨 물리학상을 받았다. 그러나 상대성 이론을 만든 업적으로 받은 것은 아니었다. 상대성 이론은 과학의 역사를 바꿔 놓을 만한 중요한 연구이지만 그때까지도 여전히 공간이 휘어진다는 일반 성대성 이론을 받아들이지 않는 사람이 더 많았기 때문이었다. 따라서 상대성 이론 대신 확실한 검증 과정을 거친 광전 효과에 대한 연구 업적으로 노벨상을 받았다. 특수 상대성 이론을 발표한 1905년에 아인슈타인은 빛이 파동의 성질뿐만 아니라 입자의 성질도 있다고 주장하는 논문도 발표했다. 빛이 입자의 성질을 가지고 있다는 것은 여러 실험을 통해 확인되었기 때문에 여기에 노벨상을 주기로 한 것이다.

천문학 산책

GPS와 상대성 이론

휴대폰에는 GPS 수신 장치가 내장되어 있다. GPS 수신 장치는 지구 주변을 돌고 있는 GPS 위성들이 보내 오는 신호를 받아 우리가 있는 위치를 계산하여 지도 위에 표시해 준다. 요즈음은 자동차를 운전할 때도 사람들이 GPS 수신 장치를 이용해 작동하는 내비게이션을 이용한다. 내비게이션은 현재 있는 위치를 표시해 주고 어디에서 길을 바꿔야 하는지를 알려 주어 손쉽게 길을 찾을 수 있도록 도와준다.

GPS 수신 장치가 정확하게 위치를 계산해 내기 위해서는 GPS 위성에서 오는 신호를 수신해 GPS 위성까지의 거리를 계산해야 한다. 적어도 네 개 이상의 위성에서 오는 신호를 받아 그 위성들까지 거리를 알아내면 수신 장치가 있는 위치를 알 수 있다. 네 개의 위성에서 일정한 거리에 있는 점은 하나밖에 없기 때문이다. 그런데 GPS 수신 장치가 GPS 위성까지의 거리를 알기 위해서는 수신 장치가 가지고 있는 시계와 GPS 위성이 가지고 있는 시계가 정확하게 일치해야 한다. 그래야 신호가 위성에서 수신 장치까지 오는 데 걸린 시간을 알 수 있고, 그 시간을 이용하여 위성까지의 거리를 알아낼 수 있다.

하지만 수신 장치는 지표면에 있고, GPS 위성은 하늘 높이 떠서 빠른 속력으로 달리고 있다. 상대성 이론에 의하면 높이 떠서 빠르게 달리고 있는 위성에 실려 있는 시계는 지표면에 있는 수신 장치의 시계와 똑같이 가지 않는다. 따라서 GPS 수신 장치가 정확한 위치를 계산하기 위해서는 위성의 높이와 속력 때문에 시간이 얼마나 느리거나 빠르게 가는지를 알아내어 바로잡아야 한다. 그러지 않으면 GPS 수신 장치는 오차가 커져 오래지 않아 쓸모없게 된다. 따라서 우리가 사용하는 휴대폰에 들어 있는 GPS 수신 장치가 잘 작동하고 있는 것은 상대성 이론이 옳다는 증거라고 할 수 있다.

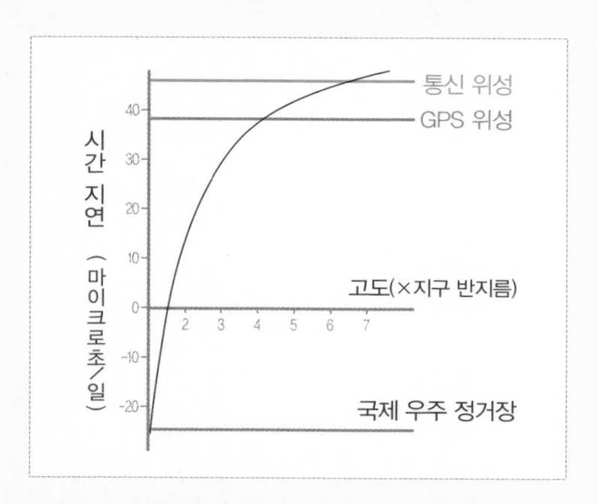

■ – 상대성 이론에 의한 시간 지연은 인공위성의 높이에 따라 달라진다. 낮은 고도에서 지구를 돌고 있는 국제 우주 정거장에서는 특수 상대성 이론의 효과가 더 커서 지상보다 시간이 느리게 가지만, 높은 고도에서 지구를 도는 GPS 위성에서는 일반 상대성 이론의 효과가 더 커서 지상보다 시간이 빠르게 간다.

7장

별은 어떻게 태어나서 성장하고
죽어 갈까?

별의 일생은 크기에 따라 달라진다!

유학 가는 배 안에서 별의 일생을 연구한 천문학자

1910년, 지금은 파키스탄에 속하는 펀자브주에서 태어난 수브라마니안 찬드라세카르Subramanyan Chandrasekhar, 1910~1995는 영국 지배하에 있는 인도에서 대학을 졸업하고, 영국 정부가 주는 장학금을 받아 스무 살에 케임브리지 대학으로 유학을 가게 되었다. 지금 같으면 비행기를 타고 몇 시간이면 갈 수 있지만 당시에는 배를 타고 거의 한 달이나 가야 했다. 찬드라세카르가 유학 가던 1930년에는 그의 삼촌, 찬드라세카라 벵카타 라만Chandrasekhara Venkata Raman, 1888~1970이 물질에 빛을 쪼였을 때 나오는 빛을 자세하게 연구한 공로로 노벨 물리학상을 수상하였기 때문에 찬드라세카르는 대단한 자부심과 자신감을 가지고 유학을 떠날 수 있었다.

긴 항해 동안에 그는 앞으로 영국에서 연구하게 될 별의 일생에 대해서 몇 가지 계산을 해 보았다. 질량이 엄청 큰 별에서는 중력이 아주 크다. 따라서 주변의 물질을 중심부로 끌어당긴다. 그러나 별의 내부에서 핵융합 반응으로 질량의 일부가 에너지로 바뀌면 뜨거운 열기가 발생해 물질을 밖으로 밀어낸다. 태양과 같은 별이 일정한 크기를 유지하는 것은 중력에 의해 안쪽으로 가해지는 압력과 내부의 뜨거운 열에 의해 밖으로 밀어내는 압력이 균형을 이루기 때문이다.

■ – 찬드라세카르

그러나 내부의 연료가 다 떨어져 핵융합 반응이 중지되면 중력 때문에 별이 수축하면서 내부 온도가 올라간다. 하지만 별이 한없이 작아지지는 않는다. 별을 이루는 물질이 틈이 없을 정도로 뭉쳐지면 물질들이 서로 밀어내는 압력이 중력과 균형을 이루게 된다. 그렇게 되면 별에서는 더 이상 큰일이 일어나지 않고 오랫동안 서서히 에너지를 방출하면서 식어간다. 이런 별이 백색 왜성이다.

그는 백색 왜성을 이루는 물질이 견딜 수 있는 압력에 한계가 있을 것이라고 생각하고 그것을 계산해 보기로 했다. 연한 두부는 얼마나 높이 쌓을 수 있을까? 두부의 높이가 높아지면 무게가 무거워져 견디지 못하고 무너진다. 따라서 두부로 쌓을 수 있는 높이에는 한계가 있다. 그렇다면 단단한 벽돌을 쌓는다면 어떨까? 두부보다 더 높이 쌓을 수 있을 것이다. 그러나 벽돌도 한없이 높이 쌓을 수는 없을 것이다. 벽돌이 지탱하는 무게에도 한계가 있을 것이기 때문이다.

찬드라세카르는 별을 이루는 물질의 경우에도 마찬가지일 것이라고 생각했다. '별을 이루는 물질이 많으면 더 큰 중력이 작용한다. 따라서 별을 이루는 물질이 견딜 수 있는 한계가 있을 것이다. 그렇다면 견딜 수 있는 최대 크기는 얼마나 될까?' 그는 영국까지 배를 타고 가는 동안 이와 관련된 기초적인 계산을 마쳤다. 영국에 도착한 후 배 안에서 계산했던 것을 본격적으로 연구하기 시작했다.

케임브리지에서 연구하는 동안 찬드라세카르는 아서 에딩턴의 도움을 많이 받았다. 그러나 찬드라세카르가 1934년에 백색 왜성에 대한 연구 결과를 내놓자 에딩턴은 그의 연구 결과를 받아들이지 않을 뿐만 아니라 비난하기까지 했다. "자네가 열심히 연구했다는 것은 인정하지만 자네가 얻은 결과는 도저히 받아들일 수 없네. 그걸 연구라고 하고 박사 학위를 받으려고 하다니 한심스럽네." 에딩턴의 비난에 크게 실망한 찬드라세카르는 천문학 연구를 그만둘 생각을 하기도 했다.

그러나 점차 그의 연구 결과를 받아들이는 천문학자가 많아졌다. 미국으로 건너가 죽을 때까지 시카고 대학에서 별의 일생에 대해 연구한 찬드라세카르는 백색 왜성에 대한 연구 결과를 발표한 지 49년이 지난 1983년에 별의 진화를 연구한 공로로 노벨 물리학상을 받았다. 1999년 미국 항공 우주국NASA은 그의 업적을 기려 찬드라 엑스선 관측위성CXO, Chandra X-ray Observatory을 지구 궤도에 올려놓았다.

그렇다면 찬드라세카르가 백색 왜성에 대해 발견한 것은 무엇일까? 그리고 그것은 별의 일생과 어떤 관계가 있을까? 아주 큰 별은 마지막에 블랙홀이 된다는데 그것은 사실일까?

별 내부에는 핵융합 반응이 일어나고 있다

인류는 오랫동안 태양이 밝게 빛나는 것을 궁금하게 생각해 왔다. 핵융합 반응이 에너지를 방출한다는 것을 알기 전에는 태양 내부에서 석탄이나 석유 같은 연료가 타고 있는 것으로 생각했다. 그러나 1905년에 아인슈타인이 특수 상대성 이론을 발표한 후 과학자들은 태양을 빛나게 하는 것이 질량이 바뀐 에너지가 아닐까 하는 생각을 하게 되었다.

태양과 같은 별을 빛나게 하는 에너지가 핵융합 반응에 의해 공급된다는 것을 처음 밝혀낸 사람은 독일의 프리츠 호우터만스Fritz Houtermans, 1903~1966와 영국의 로버트 앳킨슨Robert Atkinson, 1898~1982이다. 두 사람은 1929년에 공동으로 발표한 논문에서 별을 빛나게 하는 에너지는 수소가 헬륨으로 바뀌는 핵융합 반응에 의해 공급되며, 핵융합 반응에 의해 만들어진 무거운 원소가 별 내부에 쌓인다고 주장했다. 1930년대에 앳킨슨은 크고 밝은 별은 핵융합 반응을 활발하게 하기 때문에 어두운 별보다 일생이 짧다는 것과 우주에서 발견되는 무거운 원소들은 별 내부의 핵융합 반응에 의해 만들어졌다고 주장하는 논문을 발표했다. 또 그는 백색 왜성은 내부에서 더 이상 핵융합 반응이 일어나지 않기 때문에 식어 가기만 하는 별이라고 설명했다.

별 내부에서 핵융합 반응이 일어나고 있다는 호우터만스와 앳킨슨의 연구를 완성한 사람은 독일 태생으로 미국에서 활동한 한스 베테Hans Albrecht Bethe, 1906~2005이다. 나치가 정권을 잡은 독일을 떠나 미국으로 가서 원자폭탄을 개발하는 프로젝트에서 일하기도 한 베테는 제2차 세계 대전 후 별 내부에서 일어나는 핵융합 반응에 대해 연구했다. 그는 수소 원자핵이 합쳐져서 헬륨 원자핵으로 바뀌는 반응이 어떻게 일어나는지를 설명하는 데 성공했다.

베테가 밝혀낸 두 가지 수소 핵융합 과정

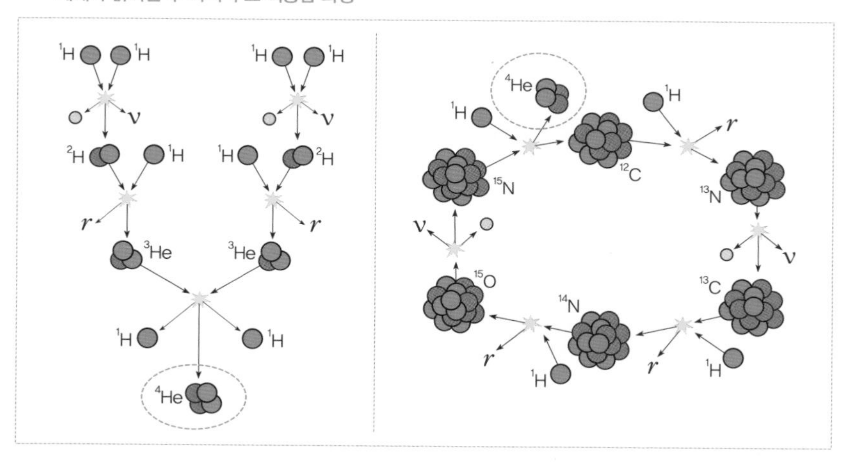

■ - 수소 원자핵(양성자) 두 개가 합쳐져 중수소가 되고, 중수소가 합쳐 헬륨-3이 된 다음 헬륨-3이 모여 헬륨-4가 되는 과정.

■ - 탄소 원자핵이 수소 원자핵(양성자)을 차례로 흡수한 다음, 헬륨-4를 방출하는 과정.

그림 설명

	양성자	proton	ν	중성미자	neutrino
	양전자	positron	r	감마선	gamma-ray
	중성자	neutron			

그러나 베테가 알아낸 것은 가장 가벼운 원소인 수소 원자핵이 두 번째로 가벼운 원소인 헬륨 원자핵으로 변환되는 과정이었다. 현재 태양 내부에서는 이런 핵융합 반응이 일어나므로 이것은 태양에서 일어나는 일을 설명하기에는 충분했다. 그러나 큰 별의 내부에서는 헬륨보다 무거운 원소가 만들어지는 핵융합 반응도 일어난다. 따라서 별 내부에서 일어나는 일을 모두 이해하기 위해서는 헬륨보다 무거운 원소들이 만들어지는 과정도 설명해야 했다. 다양한 방법으로 핵융합 반응이 일어나는 과정을 연구한 과학자들은 헬륨보다 무거운 원소들이 만들어지는 과정도 모두 알아냈다. 무거운 원소를 만드는 데 사용되는 가장 가벼운 원소인 수소와 헬륨이 만들어지는 과정에 대해서는 빅뱅 우주론이 등장한 후에나 알 수 있었다. 별 내부에서 일어나는 핵융합 반응에 대해 자세하게 파악한 과학자들은 이를 바탕으로 별이 탄생하여 성장하고 죽어 가는, 별의 일생에 대해 연구하기 시작했다.

색등급도, 헤르츠스프룽-러셀 다이어그램H-R도

하루밖에 살 수 없는 하루살이가 인간의 일생을 알고 싶다면 어떻게 해야 할까? 하루살이가 100년이나 되는 인간의 일생을 전부 조사할 수는 없을 것이다. 그렇다고 하루하루 인간이 커 나가는 모습을 기록으로 남긴 후 그것을 종합해서 인간의 일생을 연구하는 것도 쉬운 일이 아니다. 수만 세대의 하루살이들이 기록한 것을 종합해야 할 테니 말이다. 그러나 영리한 하루살이라면 몇 시간 동안에도 인간의 일생을 알아낼 수 있다.

시장에 가면 어린이부터 나이 많은 사람까지 모든 단계의 사람이 있다. 따라서 시장에 있는 사람들의 사진을 많이 찍어 나이 순서대로 잘 배열한 다음, 약간의 상상을 추가하여 사람의 일생 이야기를 만들어 내면 된다. 뛰어난 관찰력과 풍부한 상상력을 지닌 하루살이라면 이런 방법으로 실제 인간의 일생을 매우 자세하게 알아낼 수 있을 것이다.

일생이 100년밖에 안 되는 인간이 100억 년이나 되는 별의 일생을 연구하는 데도 이와 비슷한 방법을 사용한다. 은하를 이루고 있는 별들의 밝기와 온도를 자세하게 관측한 다음, 나이 순서대로 배열해 보는 것이다. 이 일을 처음 한 사람은 덴마크의 천문학자 아이나르 헤르츠스프룽Ejnar Hertzsprung, 1873~1967과 미국의 천문학자 헨리 러셀Henry Norris Russell, 1877~1957이다.

헤르츠스프룽과 러셀은 관측된 별들을 한 축은 절대 등급, 즉 밝기를 나타내고, 한 축은 색깔, 즉 표면 온도를 나타내는 그래프 위에 정리해 보았다. 이런 그래프를 두 사람의 이름 머리글자를 따서 H-R도라고 부른다.

H-R도에서 세로축은 별의 밝기를 나타내는데 위쪽으로 갈수

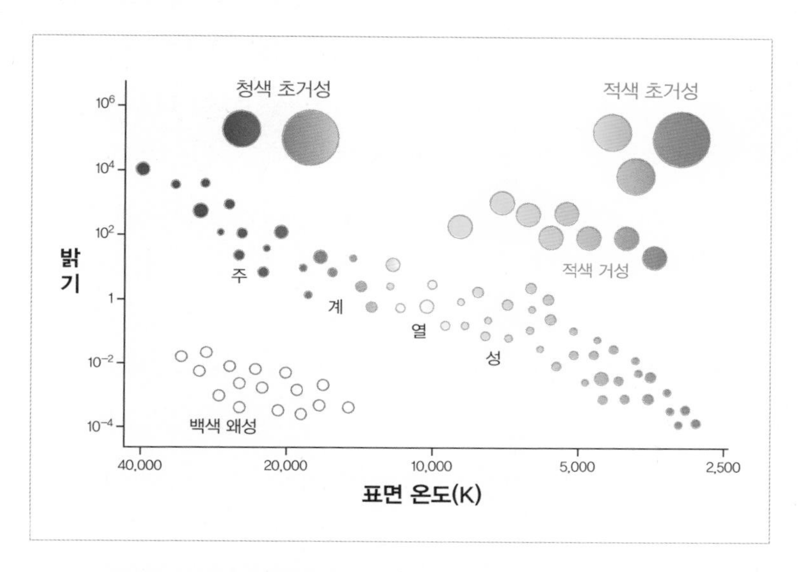

■ H-R도. 별은 주계열성의 하나로 태어나지만 질량에 따라 다른 진화 과정을 거친다.

록 밝고, 아래쪽으로 갈수록 어둡다. 그리고 가로축은 표면 온도, 즉 별의 색깔을 나타내는데 왼쪽으로 갈수록 온도가 높고, 오른쪽으로 갈수록 온도가 낮다. 다시 말해 왼쪽에 있는 별은 표면 온도가 높아 파란색으로 보이고, 오른쪽에 있는 별은 온도가 낮아 붉은색으로 보인다.

H-R도 위에 분포한 별들은 주계열성, 적색 거성, 백색 왜성과 같은 몇 개의 그룹으로 나눌 수 있다. H-R도에 대각선으로 길게 늘어진 부분에 분포하는 별이 '주계열성'이다. 주계열성 중에서 왼쪽 위쪽에 있는 별은 표면 온도가 높고 밝은 별이고, 오른쪽 아래쪽에

있는 별은 표면 온도가 낮고 어두운 별이다. 온도가 높고 밝은 별은 큰 별이고, 온도가 낮고 어두운 별은 작은 별이다. 우리 태양은 주계열성에 속하는 별인데 가운데에서 아래쪽에 위치해 있다. 그것은 태양이 우리가 관측할 수 있는 별 중에서 표면 온도가 낮고 어두운 쪽에 속한다는 뜻이다.

H-R도의 오른쪽 위쪽에는 표면 온도가 낮지만 아주 밝은 별들이 분포한다. 표면 온도가 낮아서 붉은색으로 보이면서도 밝은 별이 되기 위해서는 크기가 아주 커야 한다. 따라서 이런 별을 '적색 거성'이라고 한다.

별 중에는 표면 온도가 높으면서 밝은 것도 있다. 이런 별이 청색 거성이다. 나이가 많은 은하에서 적색 거성이 많이 발견되는 것으로 보아 적색 거성은 나이가 많은 별이라는 것을 알 수 있다.

H-R도의 왼쪽 아래에는 표면 온도는 높지만 어두운 별이 분포한다. 이런 별은 흰색으로 보이는 작은 별이어서 '백색 왜성'이라고 한다. 백색 왜성도 나이가 많은 은하에서 많이 발견되는 것으로 보아 나이가 많은 별이라는 것을 알 수 있다.

별 내부에서 일어나는 핵융합 반응에 대한 이해, H-R도에 나타난 별들의 분포, 실제로 별을 관측하여 얻은 자료를 이용하여 천문학자들은 별이 어떻게 태어나서 어떻게 성장하고 죽어 가는 지에 대해 많은 것을 알아낼 수 있었다. 그러면 이제 별의 일생에 대해 본격적으로 알아보자.

별은 성간운에서 만들어진다

별은 우주 공간에 흩어져 있는 기체와 먼지로 이루어진 성간운에서 만들어진다. 성간운은 주로 수소와 헬륨으로 이루어져 있는데 아주 넓은 공간에 흩어져 있어서 전체 질량은 수백 개의 별을 만들 수 있을 만큼 크지만 지구 대기에 비하면 텅 빈 공간이라고 할 만큼 밀도는 매우 낮다. 이런 성간운에서는 중력이 약해서 먼지나 기체가 모여 별을 이룰 수 없다.

그런데 고요한 수면에 골고루 흩어져 있던 부유물들이 파도가 치면 한 곳으로 모이는 것처럼 외부에서 충격이 가해지면 다른 곳보다 밀도가 높은 부분이 생기는데 이런 부분이 별을 탄생시키기에 적합한 장소이다. 그러나 다른 곳보다 밀도가 조금 높다고 해도 기체나 먼지 알갱이들이 온도가 높아 활발하게 움직이고 있으면 약한 중력이 이들을 끌어모을 수 없다.

따라서 별이 만들어지기 위해서는 우선 성간운의 온도가 낮아져야 한다. 온도가 낮아져서 입자의 운동이 느려져야 약한 중력이 힘을 발휘할 수 있기 때문이다. 밀도가 높은 부분에는 외부에서 빛이 침투할 수 없기 때문에 내부의 온도가 더욱 내려간다. 성간운 내부의 온도가 0K(절대 온도 0도)에 가까울 정도로 내려가면 원자와 분자들의 움직임이 아주 느려져서 중력이 중요한 역할을 하게 된다.

그렇게 되면 성간운을 이루는 물질이 중력에 끌려 점점 밀도가 높은 곳으로 모인다. 먼지와 기체가 모여 커다란 물질 덩어리가 만들어지면 물질 덩어리의 온도가 올라간다. 물질이 많이 모이면 커다란 중력이 작용하기 때문에 온도가 올라가도 물질이 흩어지지 않는다. 이렇게 되면 붉게 빛나는 물질 덩어리가 된다. 커다란 물질 덩어리가 만들어지면 중력으로 물질을 수축시켜 물질 덩어리의 크기는 작아지고 내부 온도는 더욱 높아진다.

물질 덩어리의 크기가 충분히 커지면 내부의 온도가 올라가 핵융합 반응을 시작한다. 그러나 충분한 질량에 이르지 못하면 핵융합 반응을 시작하지 못하고 식어 간다. 이런 천체가 별이 되다 만 '갈색 왜성'이다. 밝은 빛을 내지 못해 어둡기 때문에 관측이 어려워 얼마나 많은 갈색 왜성이 우주에 분포하고 있는지를 정확하게 알 수는 없다. 그러나 천문학자들은 밝게 빛나는 별보다 훨씬 숫자가 많을 것으로 생각한다.

충분한 질량에 이르러 내부의 온도가 핵융합을 시작할 수 있을 정도로 높아지면 핵융합 반응이 시작되어 많은 에너지가 공급된다. 그러면 밝게 빛나는 새로운 별이 된다. 별이 핵융합 반응을 하면서 일정한 에너지를 공급하는 동안에는 중력에 의해 내부로 가해지는 압력과 열에너지에 의해 바깥쪽으로 가해지는 압력이 균형을 이루어 조용히 빛난다. 질량이 태양 정도인 별은 이런 상태가 약 100억 년 정도 계속될 것이다. 따라서 이제 나이가 약 46억 년 정도인 태양이 매초 6억 톤의 수소를 헬륨으로 변환시키더라도 모든 수소를

다 소비할 때까지는 아직도 50억 년은 더 기다려야 할 것이다.

그러나 결국은 별이 가지고 있는 수소가 떨어져서 핵융합 반응이 정지될 수밖에 없다. 핵융합 반응이 정지되면 중력에 의해 압축되어 별의 크기가 작아지면서 내부의 온도가 더 올라간다. 이런 별의 중심 부분에는 이제 더 이상의 수소가 남아 있지 않지만 온도가 낮아 핵융합 반응이 일어나지 않은 별의 바깥쪽에는 아직도 많은 수소가 남아 있다. 별이 수축하여 온도가 올라가면 별의 바깥쪽에 있던 수소가 핵융합 반응을 시작한다. 그러면 별은 새로운 에너지를 얻어 수축을 멈춘다.

그러나 바깥쪽의 수소마저 다 써 버리면 별은 다시 수축하고, 내부의 온도와 압력은 더욱 높아져서 헬륨 원자핵이 융합하여 탄소나 산소와 같이 더 무거운 원자핵으로 변하는 새로운 종류의 핵융합 반응이 일어난다. 새로운 핵융합 반응에 의해 많은 에너지가 공급되면 별은 수축을 멈추고 부풀기 시작한다. 별이 크게 부풀어 오르면 표면의 온도가 내려가 붉은색으로 보이게 되는데 이런 상태의 별이 '적색 거성'이다.

약 50억 년 후에 태양이 이 단계가 되면 수성과 금성을 삼켜 버리고 지구도 위협할 것이다. 운이 좋아 지구가 태양에 삼켜지지 않는다고 하다라도 지구는 태양의 이글거리는 표면에서 너무 가까이 있어 지구의 모든 것이 녹아내릴 것이다. 적색 거성 단계 다음에 어떤 과정을 거치는지는 별의 질량에 따라 달라진다.

작은 별은 백색 왜성으로 일생을 마친다

별의 내부에서는 작은 원자핵들이 합쳐져서 더 큰 원자핵이 되는 핵융합 반응이 일어나는데 원자 번호가 26번인 철 원자핵이 만들어질 때까지 계속된다. 그러나 별 내부의 핵융합 반응으로는 철의 원자핵보다 더 무거운 원자핵은 만들어지지 않는다. 철보다 더 무거운 원자핵이 만들어질 때는 에너지를 방출하는 것이 아니라 흡수하기 때문에 아주 많은 에너지가 공급되는 경우에만 철보다 무거운 원자핵이 만들어진다.

별이 크게 부풀어 오르는 적색 거성의 바깥쪽은 중심에서 거리가 멀어지기 때문에 중력이 약하다. 따라서 많은 물질들이 우주 공간으로 흩어진다. 이렇게 우주 공간으로 흩어진 물질은 별을 둘러싸고 있는 구름을 만든다. 중심에 있는 별에서 나오는 빛으로 밝게 빛나는 이런 성운을 '행성상 성운'이라 한다. 성능이 좋지 않은 망원경으로 관측하던 오래전의 천문학자들이 이것을 별을 돌고 있는 행성이라고 생각했던 데서 이런 이름이 붙었다. 행성상 성운은 중심에 있는 별빛을 받아 여러 가지 색깔로 빛나는 아름다운 모양을 만들어 낸다.

행성상 성운을 만들어 낸 후에도 중심에는 별의 핵을 이루던 부분이 남아 있다. 찬드라세카르가 계산한 것은 이 별이 견딜 수 있는 질량의 한계이다. 찬드라세카르의 계산에 의하면 많은 물질을 공간으로 날려 보내고 중심에 남은 별의 질량이 태양 질량의 1.4배보다 작으면 더 이상 핵융합 반응을 하지 않고 조용히 식어 간다. 이런 별이 '백색 왜성'이다. 태양 질량의 1.4배를 '찬드라세카르의 한계'라고 하는데 이보다 질량이 작은 별은 백색 왜성으로 일생을 마친다.

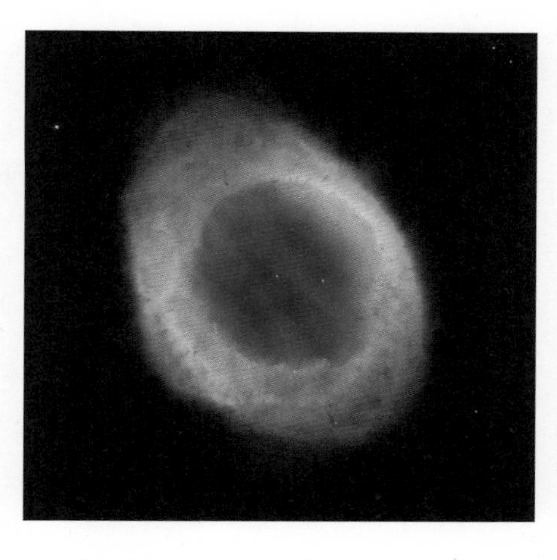

■ – 거문고자리의 직녀성 부근에서 발견되는 고리 성운은 대표적인 행성상 성운이다. 중심에 물질을 방출한 백색 왜성이 보인다.

백색 왜성은 표면 온도가 높지만 크기가 작기 때문에 그다지 밝지 않아서 찾아내기 어렵다. 백색 왜성이 식으면 더 이상 관측이 불가능한 '흑색 왜성'이 되는데 그렇게 되기까지는 오랜 시간이 걸린다.

그러나 백색 왜성 중에는 조용히 일생을 마치지 않는 것도 있다. 백색 왜성 부근에 다른 별이 있는 경우 이 별에서 물질이 날아와 백색 왜성 표면에 쌓인다. 이렇게 쌓인 물질이 충분히 많아지면 커다란 폭발이 일어난다. 이런 별은 일정한 크기에 이르러 폭발하기 때문에 밝기가 일정하다. 따라서 이런 별은 우주에서 거리 측정하는 표준 촛대로 사용할 수 있다. 이런 별이 제4장에서 설명한 Ia형 초신성이다.

큰 별은 초신성 폭발을 한다

적색 거성 단계에서 우주 공간으로 물질을 날려 보내고 중심에 남은 질량이 태양의 1.4배보다 크면 이 별은 백색 왜성 상태로 남아 있지 못한다. 별을 이루는 물질이 큰 질량 때문에 생기는 큰 중력을 견디지 못하고 커다란 폭발을 하게 된다. 이때는 엄청난 에너지가 방출되기 때문에 수천억 개의 별로 이루어진 은하만큼 밝게 빛난다. 이런 별이 초신성 또는 초신성 폭발이다.

초신성 중에는 1054년에 관측된 게성운의 폭발이 가장 유명하다. 낮에도 밝은 별로 보이는 이 초신성 폭발은 동양인뿐 아니라 아메리카 인디언도 관측하여 기록으로 남겼다. 그러나 이것이 어떤 별인지 몰랐기 때문에 점성술적으로 해석하려고 노력했을 것이다. 오늘날에도 천문학자들은 이 초신성 폭발로부터 퍼져 나가고 있는 물질을 관찰하고 있다. 초신성 폭발 후 계속 공중으로 퍼져 나가고 있는 이 별의 잔해는 지름이 8광년이나 되는 커다란 기체 덩어리를 형성하고 있다. 이것을 게성운이라고 부르는 것

■ – 게성운은 1054년에 폭발한 초신성의 잔해이다.

은 이 성운의 전체적인 모습이 게처럼 보이기 때문이다. 겨울 별자리인 황소자리에 있는 게성운은 메시에 성운 목록에 첫 번째로 실려 있어 M1이라는 목록 번호로 불리기도 한다.

초신성이 폭발하면 엄청난 에너지 때문에 철 원자핵보다 큰 원자핵이 만들어진다. 우라늄과 같이 철보다 무거운 원소들은 모두 초신성 폭발 과정에 만들어진 것이다. 별 내부에서 핵융합 반응을 통해 만들어진 무거운 원자핵과 초신성 폭발 때에 만들어진 더 무거운 원소들이 우주 공간으로 흩어져서 우주 공간에 흩어져 있는 성간운에 섞인다. 따라서 이런 성운에서 만들어진 별이나 행성에는 무거운 원소가 많이 포함되어 있다. 우리 태양계도 무거운 원소를 많이 포함하고 있는 이런 성운에서 만들어졌다.

초신성 폭발을 하고 난 다음에는 중심에 '중성자성'이 남는다. 원자핵과 원자핵 주위를 도는 전자들로 이루어진 원자가 파괴되고 중성자들만 남아 있는 별이 중성자성이다. 중성자성은 백색 왜성보다 훨씬 밀도가 크다. 중성자성을 처음 발견한 것은 1967년의 일이었다. 박사 학위를 받기 위해 논문을 준비하던 영국의 조슬린 벨Jocelyn Bell Burnell, 1943~이라는 여자 대학원생이 전파 망원경으로 수집한 관측 자료를 조사하다가 기묘한 파형이 나타나는 것을 발견하였다.

그것은 우주에서 오는 다른 전파와 달리 규칙적으로 진동하고 있었으며, 주기가 1.337초 정도밖에 안 됐다. 처음에 이 신호를 발견했을 때는 이것이 외계인이 보낸 신호일 것이라고 생각하는 사람도 있었다. 커다란 천체가 1.337초마다 한 바퀴씩 도는 것은 불가능하다고 생각했기 때문이었다.

그러나 그 후 많은 연구를 통해 이것이 초신성 폭발을 하고 중심에 남은 별의 질량이 태양 질량의 1.4배보다 크고, 2.5배보다 작은 별의 마지막 단계인 중성자성이라는 것을 알게 되었다. 그러나 중심에 남은 별의 질량이 태양 질량의 2.5배가 넘으면 중성자도 중력으로 인한 압력을 버티지 못한다. 따라서 이런 별들은 중성자성으로 일생을 마칠 수 없다.

아주 큰 별은 블랙홀로 일생을 마친다

초신성 폭발로 우주 공간으로 흩어지고 남은 질량이 태양 질량의 2.5배가 넘어 중성자도 버틸 수 없게 되면 중력 때문에 수축하여 별의 크기가 점점 더 작아지지만 자연에는 이런 강한 중력을 막아낼 힘이 더 이상 존재하지 않는다. 따라서 질량은 점점 더 작은 점을 향해 밀려 들고, 이에 따라 중력은 더 커져서 마침내 빛마저도 탈출할 수 없는 천체가 된다. 이런 별을 멀리서 바라보고 있으면 별이 작아지다가 어느 순간 완전히 우리 시야에서 없어지고 말 것이다. 이런 별에서는 어떤 신호도 나올 수가 없다. 모든 것이 이 별을 향해 빨려 들어가기만 할 뿐이다. 이것이 '블랙홀'이다.

블랙홀은 우리 시야에서 사라진 다음에도 계속 크기가 작아진다. 블랙홀이 시야에서 사라지기 바로 전에 보았던 별의 표면을 '사건의 지평선'이라고 한다. 이 사건의 지평선 너머에서 어떤 일이 일어나고 있는지를 관측하는 방법은 없다. 일단 사건의 지평선 너머로 사라진 천체에서는 아무런 정보를 얻을 수가 없기 때문이다.

블랙홀에서는 아무런 신호도 나올 수 없으므로 직접 관측하는 것은 불가능하다. 그러나 방법이 아주 없는 것은 아니다. 블랙홀은 엄청나게 큰 질량이 한 점에 모여 있다. 따라서 크기는 아주 작지만 여전히 질량이 크기 때문에 가까이 있는 별을 중력으로 끌어당긴다. 천문학자들은 하늘의 별 중에서 아무 것도 없어 보이는 어떤 점을 중심으로 돌고 있는 것들은 찾아냈다. 이런 별의 운동을 측정한 천문학자들은 이 별이 블랙홀을 중심으로 돌고 있다는 것을 알아냈다.

블랙홀을 찾아내는 또 다른 방법은 강한 엑스선이 나오는 지점을 찾아내는 것이다. 블랙홀에서는 아무런 신호도 나오지 않지만 빠른 속력으로 소용돌이치면서 블랙홀로 빨려 들어가고 있는 기체들은 블랙홀로 빨려 들어가기 전에 강한 엑스선을 낸다. 따라서 강한 엑스선이 나오는 지점은 대개 블랙홀이 있는 곳이다.

블랙홀을 찾아내는 또 다른 방법은 '중력 렌즈 현상'을 이용하는 것이다. 아인슈타인의 일반 상대성 이론에 의하면 질량이 큰 물체 주변에서는 빛이 휜다. 따라서 질량이 큰 천체는 볼록렌즈와 같은

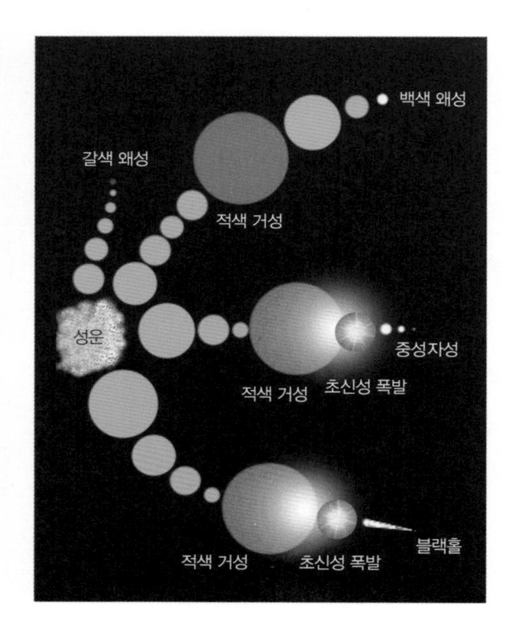

■ 별의 일생은 별의 질량에 따라 달라진다.

역할을 할 수 있다. 그렇게 되면 질량이 큰 천체 뒤쪽에 있는 은하나 별의 모습이 일그러져 보이기도 하고 여러 개로 보이기도 한다.

최근에 천문학자들은 그 질량이 태양의 수천만 배나 되는 거대 블랙홀이 모든 은하의 중심에 자리 잡고 있다는 것을 알아냈다. 은하 중심에 있는 거대 블랙홀은 은하의 형성과 진화 과정에서 중요한 역할을 한다는 것도 밝혀냈다. 현재 우리가 살고 있는 우주가 만들어지는 데는 블랙홀도 중요한 역할을 했다는 것을 알게 된 것이다.

모든 것을 빨아 들이기만 하는 블랙홀은 굉장히 신비한 천체이다. 그러나 천문학자들은 많은 블랙홀 후보들을 찾아내어 블랙홀이 신비한 천체가 아니라 우리 우주를 이루는 중요한 구성원 중 하나라는 것을 밝혀냈다.

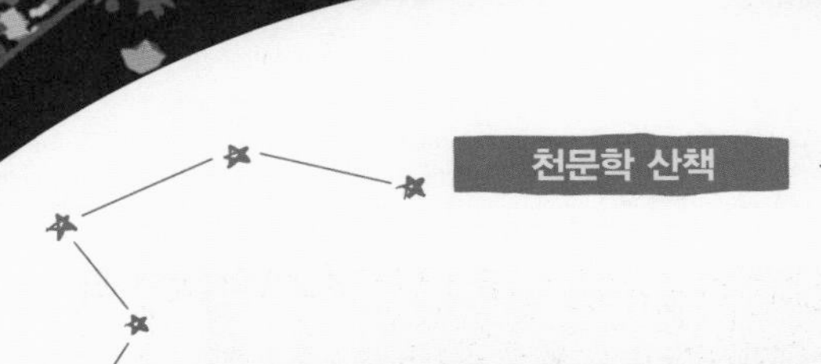

천문학 산책

미래에는 별나라 여행이 가능할까?

우주여행을 다룬 드라마나 영화가 많다. 이런 영화 중 대표적인 것이 『스타 트렉』과 『스타 워즈』일 것이다. 『스타 트렉』은 우주선 엔터프라이즈호를 타고 주인공들이 우주의 이곳저곳을 누비면서 경험하는 여러 가지 이야기를 다루고, 『스타 워즈』는 주인공 루크가 전 우주를 지배하고 있는 은하 제국에 대항하여 싸우는 이야기를 다루고 있다. 이런 영화를 보면 우주를 마음대로 여행하는 시대가 곧 올지도 모른다는 생각을 하게 된다. 과연 우주를 마음대로 여행하는 시대가 곧 올까?

우주여행이 가능한지를 따져 보기 위해서는 우선 우주가 얼마나 먼 곳에 있는지 알아야 한다. 지금까지는 지상 100킬로미터를 지구와 우주의 경계라고 생각하는 것이 일반적이었다. 그러나 최근에 지구와 우주의 경계를 지상 80킬로미터로 낮추자는 주장이 제기되고 있다. 어찌 되었던 지구와 우주의 경계는 지상 100킬로미터 부근이다. 따라서 지상 100킬로미터보다 더 높이까지 갔다 오면 우주에 다녀왔다고 할 수 있다.

여러 나라가 공동 제작하여 운용하고 있는 국제 우주 정거장ISS은 지상 약 400킬로미터 상공에서 지구를 돌고 있으므로 국제 우주 정거장에 다녀

■ — 국제 우주 정거장.

오면 우주여행을 하고 온 것이 된다. 국제 우주 정거장에서도 무중력 상태를 경험할 수 있고, 지구의 전체 모습을 내려다볼 수 있으며, 검은 하늘에 박혀 있는 빛나는 별들을 감상할 수 있으므로 우주여행이라고 불러도 손색이 없을 것이다. 이미 우주 정거장에는 많은 사람들이 다녀왔고, 머지않은 미래에는 돈을 지불하기만 하면 누구나 다녀올 수 있을 것이다.

그리고 조금 더 기술이 발전하면 달이나 화성에 다녀오는 것도 가능해질 것이다. 지금까지 이미 많은 탐사선이 달과 행성들을 방문했고, 여러 가지 실험을 했다. 특히 화성에는 여러 대의 로봇 탐사선을 보내어 화성 곳곳의 지형을 자세히 탐사했다. 따라서 달이나 화성을 다녀오는 우주여행이 앞으로 100년 안에 실현된다고 해도 그리 이상할 것이 없다.

그러나 우주여행을 멀리 별까지 다녀오는 것이라고 한다면 이야기가 달라진다. 별까지의 거리는 생각보다 멀다. 태양계에서 가장 가까이 있는 별도 빛이 4.3년을 달려야 하는 거리에 있다. 밤하늘에서 가장 밝은 시리우스는 다섯 번째로 가까이 있는 별이다. 시리우스까지 가려면 빛이 8.6년을 달려야 한다. 영화에 자주 등장하는 안드로메다 은하까지 가려면 빛이 225만 년을 달려야 한다. 우주여행을 다룬 여행에서는 빛보다 빨리 달리는 우주선을 이용하거나 블랙홀이 만든 웜홀 같은 것을 이용하여 순식간에 먼 거리를 달려간다.

그러나 영화에 등장하는 빛보다 빨리 달리는 장치들은 우리가 알고 있는 과학에 의하면 불가능하다. 질량이 있는 우주선은 절대로 빛보다 빠른 속력으로 달릴 수 없다는 것이 현대 과학의 설명이다. 따라서 별까지 우주선을 타고 여행하려면 가까운 별이라고 해도 수천 년을 달려가야 한다. 조금 멀리 있는 별까지 가려면 수만 년이 걸린다. 수천 년이나 수만 년 동안 여행할 수 있는 사람이 있을까? 항상 놀라운 것을 선사해 주는 우주가 우리는 생각지도 못하는 새로운 방법을 제공해 주지 않는 한 별나라까지의 우주여행은 영화나 드라마에서나 즐겨야 할 것이다.

8장

우주가 팽창하고 있다는 것은
어떻게 알았을까?

허블 법칙은 우주가 팽창하고 있다는 것을 의미한다!

허블과 휴머슨

어려서부터 천문학을 좋아했지만 아버지의 뜻에 따라 시카고 대학과 영국의 옥스퍼드 대학에서 법학을 공부한 후 법률 관련한 일을 하던 에드윈 허블이 다시 천문학을 공부하기 시작한 것은 아버지가 세상을 떠난 후의 일이었다. 허블은 천문학자를 자신의 천직이라고 생각했다. "천문학자는 성직자와 비슷하다. 신의 부름이 없이는 누구도 천문학자가 될 수 없다. 나는 신의 부름을 받았다. 나에게는 얼마나 훌륭한 천문학자가 되느냐보다 천문학자가 되는 것 자체가 중요하다. 나는 최고의 법률가가 되기보다는 보통 천문학자가 되기를 바란다."라고 말했다.

허블은 성능이 좋은 망원경의 중요성을 누구보다 잘 알고 있었다. 그는 "과학자들은 다섯 가지 감각을 가지고 주위의 우주를 탐색하지만 천문학자에게는 망원경이라는 또 다른 감각이 필요하다."라고 말했다. 캘리포니아주에 있는 윌슨산 천문대에는 세계에서 가장 크고 훌륭한 망원경이 있었다. 따라서 천문학자가 되고 싶은 허블에게 윌슨산 천문

■ ─ 허블과 휴머슨이 허블 법칙을 발견한 윌슨산 천문대 전경.

대는 가장 가고 싶은 곳이었다. 그러나 미국이 제1차 세계 대전에 참전하면서 군인으로 유럽에 다녀와야 했기 때문에 허블이 윌슨산 천문대에 온 것은 제1차 세계 대전이 끝난 1919년 8월이었다.

천체 관측은 매우 어려운 일이다. 높이가 1740미터나 되는 윌슨산 정상 가까이에 천문대가 있기 때문에 겨울에는 아무리 추워도 열 때문에 렌즈가 팽창할까 봐서 난방도 하지 못하고 밤을 새워 망원경을 조정하면서 사진을 찍어야 했다. 지금은 이런 일들이 모두 자동으로 이루어지지만 1920년대에는 망원경의 접안렌즈를 들여다보면서 지구의 자전 속도에 맞추어 움직이는 영상이 화면 한가운데 머물도록 나사를 돌

■ – 윌슨산 천문대의 100인치 후커 망원경. 허블과 휴머슨은 이 망원경으로 초신성 중 일부가 우리 은하 바깥의 은하임을 밝혀냈다.

려가면서 조정해야 했다. 허블이 이 일을 성공적으로 해내고 놀라운 발견을 할 수 있었던 것은 그의 옆에 밀턴 휴머슨Milton L. Humason, 1891~1972이 있었기 때문이다.

휴머슨은 열네 살에 중학교를 중퇴하고, 천문대를 방문하는 사람들이 묵는 윌슨산 호텔에서 일하기도 했고, 당나귀로 천문대에서 쓰는 장비를 산꼭대기로 나르는 일을 하기도 했으며, 천문대 수위 일을 하기도 했다. 그는 천문대에서 일을 하면서 연구원들에게서 천체 사진 찍는 법과 천문학에 대해 배웠다. 그렇게 해서 윌슨산 천문대에 오고 3년 후에는 천문대 사진부에서 일하게 되었고, 다시 2년 후에는 정식으로 천문학자 조수가 되어 천체 사진 찍는 일을 하게 되었다.

휴머슨은 뛰어난 천체 사진 기술자가 되어 최고로 정밀한 사진을 찍었다. 그는 망원경을 조정하는 손가락을 단추 위에 올려놓고 추적 장치를 계속 움직여 은하가 항상 화면의 중심에 오도록 고정시킬 수 있었다.

허블은 휴머슨의 인내심과 세심한 주의력을 높게 평가했다. 그 덕분에 허블은 누구보다도 더 멀리 있는 천체들을 볼 수 있었다.

허블은 관측한 은하들이 대부분 적색 편이를 나타낸다는 슬라이퍼의 연구 결과에 흥미를 느꼈다. 그것은 대부분의 은하가 우리에게서 멀어지고 있다는 뜻이었다. 허블과 휴머슨은 슬라이퍼가 관측한 은하들의 적색 편이를 좀 더 자세히 알아보기 위한 관측을 시작했다. 두 사람은 망원경에 새로운 카메라와 분광기를 부착하여 몇 시간만 노출해도 선명한 사진이 찍히도록 했다.

휴머슨은 은하의 도플러 효과를 측정하여 은하가 멀어지는 속력을 알아냈고, 허블은 이 은하들 속에서 세페이드 변광성을 찾아내어 은하까지의 거리를 알아냈다. 1929년에 허블과 휴머슨은 46개 은하의 적색 편이와 거리를 측정하여 그 결과를 발표했다. 그들의 관측 결과는 우주가 영원한 과거에서 영원한 미래까지 같은 상태로 존재한다는 기존의 생각을 뒤집었고, 우주 역사를 달리 생각하도록 하기에 충분했다.

그렇다면 허블의 휴머슨의 관측 결과는 어떤 것이며, 그것이 어떻게 우주에 대한 기존의 생각을 바꾸었을까? 그리고 허블과 휴머슨의 관측은 그 후의 천문학 발전에 어떤 영향을 주었을까?

아인슈타인은 자신이 발견한 새로운 중력 법칙을 이용하여 우주 전체의 구조를 연구하기 시작했다. 아인슈타인은 거대한 우주에서 중력이 어떤 역할을 하는지에 대해 관심을 가지게 되었다. 전체 우주의 구조를 이해하기 위해서는 이미 알려졌거나 알려지지 않은 모든 별과 행성을 고려하여야 한다. 그러나 우주에는 무수히 많은 별과 행성이 있어서 그 모두를 고려하여 우주의 구조를 알아낸다는 것은 불가능해 보였다. 아인슈타인은 우주에 대해 하나의 단순한 가정을 하여 이 문제를 해결하려고 했다.

아인슈타인의 가정은 '우주 원리'라고 알려져 있다. 우주 원리는 우주의 모든 부분이 같다는 것이다. 좀 더 자세하게 말하면 물질은 우주 전체에 골고루 분포되어 있고, 모든 방향으로 우주의 성질이 같다는 것이다. 천문학자들은 우주의 이런 성질을 균일성과 등방성이라고 한다. 우주에는 별도 있고 은하도 있으며, 은하 사이에는 넓은 공간이 있어서 균일하지도 않아 보이고, 또 모든 방향의 모습이 같아 보이지도 않는다. 그러나 은하조차도 하나의 점으로 보이는 아주 큰 규모에서 보면 우주가 어느 곳이나 균일하고 모든 방향의 모습이 같게 보일 것이라고 생각했다.

아인슈타인은 우주 원리를 바탕으로 일반 상대성 이론을 이용하여 우주가 어떤 상태에 있어야 하는지를 계산해 보았다. 그랬더니 우주에 존재하는 물질들 사이에 작용하는 중력으로 인해 모든 것이 한 점으로 모여야 했다. 한 점으로 모이지 않기 위해서는 모든 물질이 빠른 속력으로 멀어지고 있어야 한다. 다시 말해 우주가 팽창하고 있어야 한다. 아인슈타인은 이런 결론을 얻고 크게 실망했다.

우주는 영원히 변하지 않는 상태에 있어야 한다는 것이 당시 많은 과학자들의 생각이었다. 아인슈타인은 일반 상대성 이론 안에서 많은 사람들이 받아들이는, 영원하고 정적인 우주를 유지하는 방법을 찾아내고 싶었다. 일반 상대성 이론을 다시 검토한 아인슈타인은 우주가 팽창하고 있지 않으면서도 한 점으로 붕괴하지 않도록 하는 수학적인 방법을 찾아냈다. 그는 자신의 중력 법칙에 우주 상수라고 하는 새로운 항을 추가하면 우주가 정적인 상태에 머물러 있을 수 있다는 것을 알게 되었다.

우주 상수는 우주 공간이 가지고 있는 물질을 밀어내는 성질을 나타내는 것이다. 다시 말해 우주 상수는 모든 별 사이에 작용하는 중력에 대항하는 반발력을 나타내는 것이다. 아이슈타인은 우주 상수를 조심스럽게 결정하면 중력에 정확하게 대항할 수 있고, 따라서 우주가 팽창하거나 붕괴하는 것을 막을 수 있다고 생각했다. 우주 상수가 나타내는 반중력은 큰 규모의 우주에서는 중요한 역할을 하지만 짧은 거리에서는 무시할 만큼 작다. 따라서 새롭게 추가한 우주 상수가 태양계 천체들의 행동에는 영향을 주지 않는다.

새롭게 추가된 우주 상수로 인해 일반 상대성 이론이 '정적이고 영원한 우주'라는 생각과 잘 맞아떨어지기 때문에 많은 과학자들이 아인슈타인의 우주 상수에 만족했다. 그러나 누구도 우주 상수가 실제로 무엇을 의미하는지, 그것이 왜 있어야 하는지를 설명하지 못했다. 아인슈타인도 우주 상수는 안정적이고 영원한 우주라는 결과를 얻어 내기 위한 임시방편이라는 점을 인정했다.

우주는 팽창하고 있다

과학자 중에는 아인슈타인의 우주 상수를 반대하는 사람도 있었다. 아인슈타인의 우주 상수에 의문을 제기하고 우주가 팽창하고 있다고 주장한 사람은 러시아의 알렉산드르 프리드만Alexander Alexandrovich Friedmann, 1888~1925이다. 1888년에 러시아에서 태어나 정치적 혼란 속에서 자라난 프리드만은 전쟁에 참전하느라고 아인슈타인의 일반 상대성 이론을 다른 사람보다 늦게 알게 되었다. 전쟁이 끝난 후 대학으로 돌아와 일반 상대성 이론을 배운 프리드만은 1922년에 아인슈타인의 우주 상수를 무시하고, 우주가 팽창하고 있거나 수축하고 있는 역동적인 우주 모델을 발표했다.

프리드만은 그의 우주 모델을 바탕으로 세 가지 가능성을 제안했다. 첫 번째 가능성은 우주에 많은 별이 있어 우주의 평균 밀도가 높기 때문에 우주가 팽창을 멈추고 우주의 모든 별이 한 점으로 모일 때까지 수축한다는 것이다. 두 번째는 별들의 평균 밀도가 낮아 별들 사이의 중력이 우주의 팽창을 극복하지 못하는 경우이다. 그러면 우주는 영원히 팽창할 것이다. 세 번째는 평균 밀도가 앞에서 말한 것의 중간 값을 가지는 경우이다. 이때에는 중력 때문에 팽창 속력이 줄어들기는 하겠지만 팽창이 멈추지는 않을 것이다. 이런 경우에도 우주가 한 점으로 붕괴하지 않고 영원히 팽창을 계속할 것이다.

■ – 알렉산드르 프리드만

프리드만이 제시한 세 가지 가능성의 공통점은 우주가 계속 변해 간다는 것이다. 그는 우리가 어제와도 다르고, 내일과도 다른 우주에 살고 있다고 믿었다. 이것은 영원히 정지해 있는 우주가 아니라 계속적으로 변하는 우주이고, 우주 상수가 있는 아인슈타인의 우주와는 전혀 다른 우주이다.

아인슈타인은 프리드만의 결론이 틀렸을 뿐만 아니라 수학적으로도 결함이 있다고 주장하는 편지를 프리드만의 논문을 출판한 잡지사에 보냈다. 그러나 그의 계산에는 잘못이 없다는 것이 밝혀졌다. 그의 주장이 실제 우주와 일치하는지에 대해서는 더 따져 보아야 하겠지만 수학적으로는 아무런 문제가 없었다. 이에 대해 프리드만이 항의하자 아인슈타인은 프리드만이 옳다는 것은 인정했지만 우주가 팽창하고 있다는 프리드만의 주장은 받아들이지 않았다.

그러나 불행하게도 프리드만이 장티푸스에 걸려 젊은 나이에 세상을 떠났기 때문에 그의 생각은 더 발전하지 못하였다.

프리드만이 세상을 떠나고 몇 년 후 다른 천문학자가 또 다시 우주가 팽창하고 있다고 주장했다. 벨기에의 가톨릭 사제이면서 천문학자인 조르주 르메트르Georges Lemaître, 1894~1966가 프리드만의 연구와는 독립적으로 팽창하는 우주 모델을 다시 제안한 것이다. 영국에서 아서 에딩턴에게 배운 후 미국 매사추세츠 공과대학MIT에서 박사 학위를 받고 벨기에로 돌아온 르메트르는 아인슈타인의 일반 상대성 이론을 바탕으로 한 자신의 우주 모델을 발전시키기 시작했다.

아인슈타인의 우주 상수를 무시하고 우주가 팽창하고 있다고 생각한 르메트르는 우주가 팽창하고 있다면 어제의 우주는 오늘의 우주보다 작았을 것이고, 지난해에는 더 작았을 것이며, 먼 과거에는 아주 작았을 것이라고 생각했다. 르메트르는 이렇게 시간을 뒤로 돌리면 모든 별들이 아주 작은 우주로 모일 것이라고 생각했다. 그는 이것을 '원시 원자'라고 불렀다. 그는 우주 창조의 순간에 모든 것을 포함하고 있는 이 원시 원자가 갑자기 붕괴하면서 우주의 모든 물질을 만들어졌다고 주장했다.

르메트르는 오늘날 우리가 빅뱅 우주론이라고 부르는 것과 비슷한 우주론을 제안한 첫 번째 과학자이다. 르메트르는 아인슈타인의 일반 상대성 이론을 바탕으로 팽창하고 있는 우주 모델을 만들고, 원자와 원자의 방사성 붕괴에 대한 지식을 더하여 원시 원자 가설을 만든 것이다. 르메트르의 팽창하는 우주 모델은 프리드만의 우주 모델보다 훨씬 발전된 것이었다. 그러나 1927년, 그가 우주 모델을 발표했을 때 관심을 보이는 과학자는 거의 없었다.

■ – 조르주 르메트르

르메트르는 원시 원자 가설을 발표한 직후 브뤼셀에서 열린 학술회의에서 아인슈타인을 만나 자신의 우주 모델을 자세히 설명했다. 아인슈타인은 이미 그런 이야기를 프리드만에게서 들었다고 대답했다. 르메트르가 프리드만의 연구에 대해 알게 된 것은 그때가 처음이었다. 아인슈타인은 르메트르에게 "신부님의 계산이 옳다는 것은 알고 있습니다. 그러나 우주가 팽창하고 있다는 주장은 도저히 받아들일 수 없습니다."라고 말했다.

당시 아인슈타인은 과학계의 최고 권위자였다. 따라서 아인슈타인이 우주가 팽창하고 있다는 주장을 무시했다는 것은 과학계가 무시했다는 것과 같았다. 아인슈타인의 반대에 부딪힌 르메트르는 더 이상 그의 모델을 발전시키지 않기로 했다. 그는 여전히 우주가 팽창하고 있다고 생각하지만 아인슈타인을 따르는 과학자들을 설득할 방법이 없었다. 팽창하는 우주 모델의 문제는 허블이 해결해 줄 때까지 기다려야 했다.

위대한 토론

1920년 4월, 미국 국립 과학 아카데미에서는 후에 사람들이 '위대한 토론'이라 말하는 토론이 벌어졌다. 과학 아카데미가 성운이 무엇인지를 설명하는 여러 가지 주장을 검토하고, 올바른 결론을 내리도록 하기 위해 천문학자들 사이의 토론을 준비했다. 그때까지 발견된 성운이 모두 우리 은하 안에 있는 천체이고, 우리 은하가 우주의 전부라고 주장하는 천문학자들과 성운이 우리 은하 바깥에 있는 또 다른 은하라고 주장하는 천문학자들이 열띤 토론을 벌였다.

이 토론에서 성운이 우리 은하에 속한 천체라고 주장하는 과학자들은 성운이 새로 탄생하는 별과 행성의 모태가 되는 기체 구름이라고 주장했다. 그들은 여러 가지 증거를 제시했지만 성운이 우리 은하 밖에 있는 또 다른 은하라고 주장하는 사람들을 설득하기에는 충분하지 못했다.

성운이 우리 은하 바깥에 있는 또 다른 은하라고 주장하는 사람들 역시 마찬가지였다. 그들은 서로 자신들이 토론에서 이겼다고 생각했지만 사실은 무승부로 끝났다. 덕분에 이 문제에 많은 사람들이 관심을 갖게 되었다.

마침내 확실한 증거를 찾아내어 위대한 토론을 끝낸 사람은 윌슨산 천문대에서 망원경으로 안드로메다 성운을 관찰하고 있던 에드윈 허블이었다. 윌슨산 천문대에서 일한 지 4년이 된 1923년 10월, 기상 상태가 좋지 않았지만 그는 40분간 노출하여 안드로메다 성운의 사진을 찍었다. 이 사진에는 전에는 본 적이 없는 새로운 별이 찍혀 있었다. 허블은 이 별을 확인하기 위해 며칠 후 다시 사진을 찍었다.

허블은 그가 찍은 사진을 이전의 사진과 비교하여 새로운 별을 발견한 것인지 확인했다. 그랬더니 그가 찍은 별은 이전 사진에도 있었다. 그러나 밝기가 달랐다. 안드로메다 성운에서 세페이드 변광성을 찾아낸 것이다. 그것은 안드로메다 성운까지 거리를 알 수 있다는 것을 의미했다.

그는 세페이드 변광성을 이용하여 안드로메다 성운까지 거리를 계산하고는 깜짝 놀랐다. 90만 광년이나 되었기 때문이었다. 그 당시에도 우리 은하의 지름은 대략 10만 광년이라는 것이 알려져 있었는데, 그러면 안드로메다 성운이 우리 은하의 일부가 아니라는 것이 확실해졌다. 안드로메다 성운이 그렇게 멀리 있는데도 맨눈으로 볼 수 있는 것은 매우 밝기 때문이며, 그것은 수억 개의 별을 품고 있는 커다란 체계라는 것을 의미했다. 따라서 안드로메다 성운은 우리 은하 안에 있는 천체가 아니라 우리 은하 바깥에 있는 또 다른 은하일 수밖에 없다. 지금은 안드로메다 은하까지 거리가 225만 광년 정도라고 알려져 있는데, 그때 허블이 90만 광년이라고 측정한 것은 세페이드 변광성에도 여러 종류가 있다는 것을 몰랐기 때문이다.

허블의 발견으로 안드로메다 성운은 이제 안드로메다 은하가

■ – 맨눈으로도 보이는 안드로메다 은하는 225만 광년 거리에 있는 이웃 은하이다.

되었다. 안드로메다 성운과 마찬가지로 많은 성운이 실제로는 우리 은하와 마찬가지로 멀리 떨어져 있는 독립된 은하라는 것이 밝혀졌다. 그 후 몇 년 동안에 이루어진 관측을 통해 대부분의 다른 은하가 안드로메다 은하보다 훨씬 멀리 있다는 것을 알게 되었다. 우주는 천문학자들이 생각한 것보다 훨씬 큰 세계라는 것이 밝혀진 것이다. 원래 성운이란 말은 구름 모양으로 보이는 천체를 나타내기 위해 사용되기 시작했다. 이제 많은 성운이 또 다른 은하라는 것이 밝혀졌다. 그리고 일부 성운은 우리 은하 안에 있는 기체와 먼지 구름이라는 것도 알게 되었다.

허블 법칙의 발견

안드로메다 은하가 우리 은하 바깥에 있는 또 다른 은하라는 것을 밝혀낸 허블은 천문학계의 유명 인사가 되었다. 그의 발견은 오랜 논쟁을 해결하였고, 우리가 알던 우주를 우리 은하 밖으로 확장하였다. 코페르니쿠스와 갈릴레이의 우주에서는 태양계가 중심이었다. 갈릴레이가 은하수가 수없이 많은 희미한 별로 이루어졌다는 것을 밝혀내기는 했지만 아직도 별은 우주 중심에 있는 태양계의 장식품에 지나지 않았다. 그러나 더 큰 망원경이 만들어져 더 멀리 볼 수 있게 되면서 태양도 은하를 이루고 있는 수많은 별 중 하나라는 것을 알게 되었다.

은하에는 수천만 개의 별로 이루어진 '구상 성단'이라고 부르는 별 무리가 있다. 우리 은하에서는 약 200개의 구상 성단이 발견되었다. 천문학자들은 구상 성단에서 세페이드 변광성을 찾아내어 구성 성단까지의 거리를 측정했다. 그러자 구상 성단들이 태양이 아니라 궁수자리를 중심으로 분포해 있다는 것을 알게 되었다. 태양계는 은하의 중심이 아니라 은하의 가장자리에 위치해 있다는 것이 밝혀진 것이다.

허블의 발견으로 우주에는 우리 은하만 있는 것이 아니라 수없이 많은 외부 은하가 있다는 것을 알게 되었다. 그렇다면 우리 은하도 우주의 중심일 수 없다. 수없이 많은 은하로 이루어진 우주의 중심은 어디일까?

안드로메다 은하가 우리 은하 밖에 있는 또 다른 은하라는 것을 밝혀낸 허블은 휴머슨과 함께 또 다른 측정을 시작했다. 대부분의 은하들이 적색 편이를 나타낸다는 슬라이퍼Vesto Melvin Slipher, 1875~1969의 관측 결과를 확인하기 위해서였다. 거리와 속력이 확실한 25개의 은하들을 거리와 속력을 가로세로 축으로 하는 그래프에 나타내었더니 직선으로 배열되었다. 이것은 은하까지 거리가 멀수록 우리에게서 멀어지는 속력도 빨라진다는 뜻이다. 거리가 두 배인 은하는 두 배의 속력으로 멀어지고, 거리가 세 배이면 세 배의 속력으로 멀어진다. 은하들이 아무렇게나 달리는 것이 아니었다.

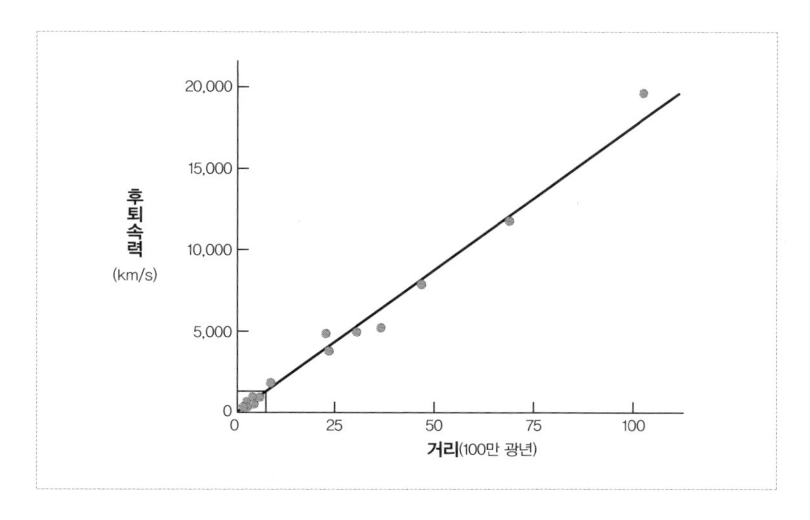

■ –1931년 허블이 발표한 논문에 실린 그래프.

이렇게 은하가 멀어지는 속력이 은하까지의 거리에 비례하는 것을 '허블 법칙'이라고 한다. 멀어지는 속력은 도플러 효과를 이용하여 측정하므로 도플러 효과의 정도가 은하까지의 거리에 비례한다고 말할 수도 있다. 그리고 멀어지고 있는 은하는 적색 편이를 나타내므로 적색 편이가 거리에 비례한다고 이야기할 수도 있다. 허블과 휴머슨은 이 관측 결과를 1929년에 발표하고 2년 동안 더 많은 은하들을 측정하여 1931년에는 더 많은 은하에 대한 관측 결과를 담은 새로운 논문을 발표했다.

허블의 관측 결과를 본 천문학자들은 이것이 우주가 팽창하고 있다는 것을 나타낸다는 것을 곧 알아차렸다. 은하들이 멀어지는 속력이 거리에 비례하기 위해서는 우주가 팽창하고 있어야 한다는 것은 조금만 생각해 보면 금방 알 수 있다. 우주가 1억 년 동안 팽창하여 별들 사이의 거리가 2배로 늘어났다고 생각해 보자. 처음에 1광년 거리에 있던 별까지의 거리는 이제 2광년이 되었을 것이고, 2광년 거리에 있던 별까지의 거리는 4광년이 되었을 것이며, 3광년 거리에 있던 별은 6광년이 되었을 것이다. 따라서 우주가 팽창하는 경우, 같은 시간 동안에 멀어진 거리가 거리에 비례하게 된다.

은하가 멀어지는 속력과 거리의 비례 상수가 '허블 상수'이다. 허블 상수는 100만 광년 떨어져 있는 은하가 얼마나 빠른 속력으로 멀어지는지를 나타낸다. 우주가 팽창하고 있다면 과거의 우주는 현재보다 작아야 하고, 당연히 우주가 시작된 시점이 있어야 한다. 우주의 나이는 은하들 사이의 거리가 0이었던 시점이 언제였느냐를 나타낸다. 허블 상수는 100만 광년 떨어져 있는 별들이 멀어지는 속력을 나타내므로 100만 광년을 허블 상수로 나누면 우주의 나이를 알 수 있다.

이렇게 해서 과학자들은 우주의 나이까지도 계산할 수 있게 되었다. 허블의 관측 결과를 이용한 학자들은 우주의 나이가 18억 년이라는 계산 결과를 내놓았다. 그러나 이것은 한동안 우주 팽창 이론을 반대하는 사람들의 공격 거리가 되었다. 우주의 나이가 지구에서 발견된 오래된 암석의 나이보다 적었기 때문이었다. 그 후 관측 자료들이 축적되면서 우주의 나이가 점점 길어져 이런 문제가 해소되었다.

슬라이퍼의 관측 결과에 따르면 몇 개의 은하는 청색 편이를 나타내고, 대부분의 은하들은 적색 편이를 나타낸다. 우주가 팽창하고 있다면 어떻게 청색 편이를 나타내는 은하가 있을까? 우리 은하는 약 30여 개의 은하로 이루어진 작은 은하단에 속한다. 우리 은하단에 속하는 은하들 사이에는 강한 중력이 작용하고 있다. 따라서 이들 중에는 가까이 다가오고 있는 은하도 있다. 안드로메다 은하도 우리 은하를 향해 다가오고 있다. 따라서 오랜 세월이 지나면 우리 은하와 안드로메다 은하가 충돌하여 하나로 합쳐질 것이다.

별들의 경우에도 마찬가지이다. 우리 은하를 이루고 있는 별들은 강한 중력으로 묶여 있으면서 여러 가지로 상호 작용하고 있다.

이러한 상호 작용에 의해 별들은 다양한 운동을 한다. 따라서 우주의 팽창과 관계없이 우리에게 다가오는 별도 있고, 멀어지는 별도 있다. 다시 말해 강한 중력으로 묶여 있는 체계는 우주 팽창의 영향을 받지 않는다.

허블 법칙은 우주가 팽창하고 있다는 확실한 증거가 되었다. 이제 더 이상 아인슈타인도 우주가 팽창하고 있다는 것을 부정할 수 없게 되었다. 1931년에 캘리포니아 공과대학에 와 있던 아인슈타인은 허블의 초청으로 부인과 함께 윌슨산 천문대를 방문했다. 윌슨산에 있는 동안 허블과 휴머슨은 아인슈타인에게 망원경과 관측 장비를 보여 주고, 자신들의 관측 결과를 설명해 주었다. 아인슈타인은 이미 허블과 휴머슨의 논문을 읽었기 때문에 그 결론을 잘 알고 있었다.

1931년 2월 3일 아인슈타인은 윌슨산 천문대 도서관에 모인 기자들에게 공개적으로 자신이 주장했던 '정적인 우주'를 부정하고 '팽창하는 우주' 모델을 받아들인다고 선언했다. 정적인 우주 모델을 폐기한 아인슈타인은 일반 상대성 이론의 방정식을 다시 검토하였다. 그렇게 해서 아인슈타인은 우주 상수를 버리고 초기의 일반 상대성 이론의 방정식으로 돌아왔다. 그는 후에 우주 상수를 도입한 것은 자신의 가장 큰 실수였다고 말했다. 그런데 아인슈타인이 1990년대 말에 우주 상수가 다시 도입되었다는 것을 알게 된다면 어떤 생각이 들까?

천문학 산책

밤하늘은 왜 어두울까?

1823년에 독일의 천문학자 하인리히 빌헬름 올베르스Heinrich Wilhelm Matthäus Olbers, 1758~1840는 올베르스의 역설이라고 알려진 의문을 제기했다. 그는 우주가 무한하고 영원하다면 왜 밤하늘이 어두워야 하는가 하는 의문을 가지게 되었다. 빛의 세기는 거리의 제곱에 비례해서 약해진다. 거리가 2배로 늘어나면 빛의 세기는 4분의 1이 되고, 거리가 3배가 되면 빛의 세기는 9분의 1로 약해진다. 태양은 지구 가까이에 있기 때문에 밝게 빛나지만 별들은 멀리 있기 때문에 어둡게 보인다. 따라서 태양이 있는 낮은 밝고, 별들만 있는 밤이 어두운 것은 너무나 당연한 일처럼 보인다. 그러나 조금만 생각하면 이것이 당연하지 않다는 것을 알 수 있다.

공의 표면적은 지름의 제곱에 비례한다. 따라서 지름이 2배가 되면 공의 표면적은 4배로 늘어난다. 빛의 세기가 거리 제곱에 따라 약해지는 것은 이 때문이다. 그러나 만약 별들이 우주에 골고루 분포되어 있다면 별의 수는 거리 제곱에 비례하여 늘어나야 한다. 빛의 세기가 거리 제곱에 비례하여 줄어들더라도 별의 수가 거리 제곱에 비례하여 늘어나면 밤하늘이 밝아야 한다.

별들은 멀리 있고 별들과 지구 사이에는 많은 성간 물질이 있어 별빛을 흡수하기 때문에 밤하늘이 어둡게 보인다고 설명할 수도 있다. 그러나 그런 설명도 우주가 영원히 존재한다면 설득력이 없다. 모든 물질은 에너지를 흡수하면 온도가 올라간다. 온도가 올라가면 방출하는 에너지의 양이 많아진다. 따라서 일정한 온도에 이르면 흡수하는 에너지와 방출하는 에너지의 양이 균형을 이루게 되고 온도가 일정하게 유지된다.

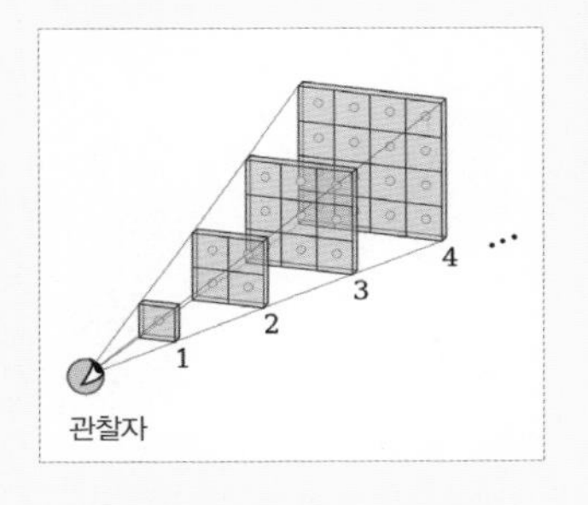

■ – 우주 공간에 별들이 골고루 퍼져 있다면 거리가 멀어서 어두운 대신 별의 수가 많아져서 밤하늘도 밝아야 한다.

성간 물질이 별빛을 오랫동안 흡수하면 결국은 흡수하는 만큼의 에너지를 방출해야 한다. 그렇지 않으면 성간 물질의 온도가 계속 올라가야 한다. 우주가 영원히 존재한다면 모든 성간 물질은 이미 균형 상태에 이르러 흡수하는 것과 같은 양의 에너지를 방출하고 있어야 한다. 그것은 성간 물질이 더 이상 별빛을 효과적으로 차단할 수 없다는 것을 의미한다.

따라서 밤하늘이 어둡다는 것은 우주가 공간적으로 무한하고, 시간적으로 영원하다는 생각과 일치하지 않는다. 이것을 역설이라고 부른 것은 당시에는 우주가 무한하고 영원하다고 믿었기 때문이다. 결국 밤하늘이 어두운 것은 우주가 무한하지도 않고 영원하지도 않다는 것을 뜻한다.

9장

우주는 어떻게 시작되었을까?

빅뱅과 함께 모든 것이 시작되었다!

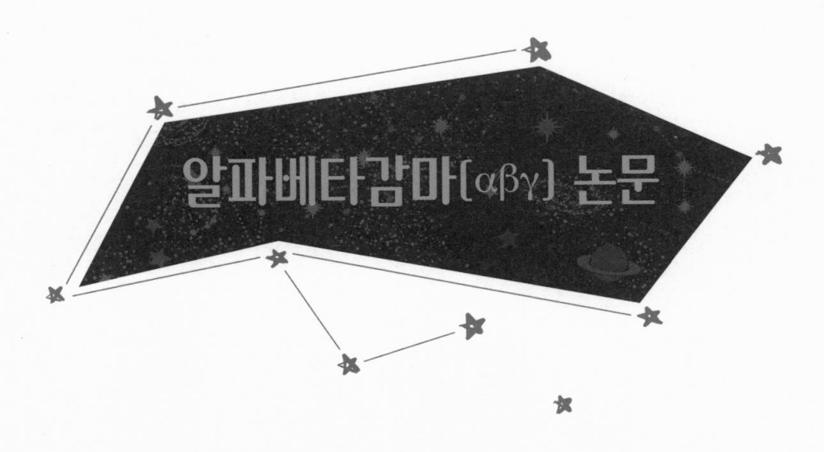

알파베타감마(αβγ) 논문

소련에 속한 우크라이나에서 태어난 조지 가모는 1923년, 우주가 팽창하고 있다고 주장하는 알렉산드르 프리드만과 함께 연구하기 위해 레닌그라드로 갔다. 그런데 그는 천문학이 아니라 원자핵 물리학을 연구하여 알파 붕괴가 일어나는 과정을 설명해 낸 연구 업적으로 세계적인 명성을 얻었다. 27살 때 소련의 정부 기관지에 그를 찬양하는 시가 실릴 정도였다. 그러나 그는 정치적 이념이 과학 연구 결과까지도 좌지우지하는 것을 견딜 수 없어서 여러 번의 시도 끝에 미국으로 탈출하여 우주의 진화 과정에 대한 연구를 시작했다.

그는 우주에 존재하는 원소들이 어떻게 만들어졌는지에 특히 관심이 많았다. 관측 결과에 의하면 우주에는 1만 개의 수소 원자에 대해 대략 1000개 정도의 헬륨 원자, 6개의 산소 원자, 1개의 탄소 원자가 존재한다. 그리고 다른 원소들은 모두 합쳐도 탄소 원자의 수보다 적다. 수소와 헬륨이 많은 것은 우주의 초기 상태와 관련이 있다.

가모는 원시 원자가 방사성 붕괴를 하면서 우주가 시작되었다는 르메트르의 우주 모델로는 수소와 헬륨이 대부분인 현재의 우주가 형성될 수 없다고 생각하였다. 큰 원자가 계속 분열하여 작은 원자들이 만들어졌다면 우주에는 가장 작은 수소와 헬륨이 아니라 수소와 헬륨보다 더 안정한 중간 단계의 원소들이 더 많아야 한다.

■ – 조지 가모

따라서 큰 원자가 붕괴하여 작은 원자들이 만들어지는 과정이 아니라 작은 원자들이 융합하여 큰 원자들이 만들어지는 과정을 통해 우주가 형성되는 우주 모델을 생각하였다. 우주가 당시 알려진 가장 작은 입자인 양성자, 중성자, 전자로만 구성되어 있는 상태에서 시작하여 더 무거운 원자들이 만들어지는 과정을 알아보기로 한 것이다.

가모는 1945년 랄프 알퍼Ralph Asher Alpher, 1921~2007를 대학원생으로 받아들이고 함께 연구를 시작했다. 가모와 같이 우크라이나 출신인 알퍼는 수학적 재능과 뛰어난 통찰력을 지닌 우수한 학생이었다. 알퍼는 기대 이상으로 어려운 계산을 잘 해냈고, 우주 초기의 원자핵 합성 과정을 성공적으로 설명해 냈다.

가모는 두 사람의 연구 결과가 담긴 내용의 논문을 발표할 때 이 연구에 참여하지 않은 한스 베테의 이름도 저자 명단에 추가하였다. 그렇게 하여 그리스 알파벳의 첫 세 글자인 알파(알퍼), 베타(베테), 감마(가모)

를 따서 알파베타감마 논문이라고 부르고 싶었다. 우주의 초기 과정을 설명하는 논문의 이름으로 그럴듯하다고 생각한 것이다. 유머 감각이 풍부한 가모는 이 논문을 1948년 4월1일(만우절)에 발표하였다.

유머 감각이 풍부하여 엉뚱한 언행을 자주 한 가모는 덕분에 사람들과 즐겁게 어울릴 수 있었지만 진지하지 못하다는 평가를 받기도 했다. 그의 우주론을 반대한 사람들은 가모의 이런 언행을 예로 들어 그의 이론을 믿을 수 없다고 반박하기도 했다. 그러나 알파베타감마 논문은 그가 예상한 대로 천문학 역사에 남는 유명한 논문이 되었다.

그러나 연구의 많은 부분을 담당한 알퍼는 베테의 이름을 넣는 것이 달갑지 않았다. 태양 내부에서 일어나는 수소 핵융합 반응을 밝혀내어 이미 유명한 과학자인 베테의 이름이 끼어들면 대학원 학생인 자신의 입지가 줄어들 것을 염려했다. 한편 처음에는 별다른 생각 없이 이름을 사용하겠다는 가모의 요청을 받아들였던 베테는 나중에 이 논문이 유명해지자 곤란해 했다. 그는 여러 자리에서 자신은 이 논문 연구에 참여하지 않았으며, 가모가 재미로 자기 이름을 넣었을 뿐이라는 것을 밝혔다. 알퍼의 불만도 사라졌다.

그렇다면 알파베타감마 논문이 밝혀낸 우주 초기의 진화 과정은 어떤 것이었을까? 그리고 그것이 옳다는 것은 어떻게 증명하였을까?

우주 초기의 원자핵 합성 과정을 연구하기 위해 가모와 알퍼는 우리가 관측할 수 있는 오늘날의 우주에서 출발하여 시간을 거꾸로 돌려 보았다. 천문학자들이 측정한 우주 전체의 평균 밀도는 지구보다 1000배 더 큰 부피에 1g의 물질이 들어 있는 정도이다. 우주는 우리가 생각하는 것보다 훨씬 더 텅 빈 공간에 가깝다. 가모와 알퍼는 이렇게 희박한 우주에서 출발하여 시계를 거꾸로 돌려 가면서 우주가 변해 가는 과정을 계산해 나갔다.

우주가 점점 작아져 시작점에 다가가자 우주의 밀도와 온도가 엄청나게 높아졌다. 가모와 알퍼는 기초적인 물리 법칙을 이용하여 초기 우주의 온도와 밀도를 계산했다. 모든 핵반응은 온도와 밀도에 의해 결정되기 때문에 우주 초기의 온도와 밀도를 알아내는 것은 중요한 일이었다. 가모는 초기 우주의 온도와 밀도에서 어떤 종류의 원자핵 반응이 일어날 수 있는지를 알아보았다.

가모는 우주 초기의 높은 온도에서는 모든 물질이 가장 기본적인 입자들로 분리되어 있었을 것이라고 생각했다. 따라서 온도가 높았던 초기 우주는 당시에 알려진 가장 기본적인 입자인 전자, 양성자, 중성자로 이루어졌을 것이라고 가정했다. 초기 우주는 온도가 매우 높아 전자들이 빠르게 운동하고 있기 때문에 원자핵에 잡혀 있지 않고 분리되어 있었다.

온도와 밀도가 높고, 양성자, 중성자, 전자로 이루어진 우주에서 시작하여 이번에는 시계를 앞으로 돌려서 우주가 팽창하여 온도와 밀도가 점점 내려가면서 기본적인 입자들이 결합하여 오늘날 존재하는 원자핵을 형성해 가는 과정을 조사했다. 가모와 알퍼의 최종 목표는 이렇게 만들어진 물질이 우리가 바라보고 있는 은하와 별을 만들었다는 것을 밝혀내는 것이었다. 우주가 시작될 때는 온도가 너무 높아 양성자와 중성자가 너무 빨리 운동하기 때문에 서로 결합할 수 없었다. 그러나 조금 후 우주는 원자핵이 합성될 수 있을 정도로 식었다. 그러나 시간이 조금 더 지난 후에는 우주의 온도가 너무 내려가 더 이상 양성자나 중성자, 이미 만들어진 원자핵들이 핵융합을 할 수 있을 정도로 빠르게 달릴 수 없게 되었다. 다시 말해 우주 초기의 원자핵 합성은 우주가 팽창하고 식어 가는 과정 중에서 아주 짧은 시간 동안에만 일어날 수 있다는 것을 알아낸 것이다.

3년에 걸친 복잡한 계산 끝에 가모와 알퍼는 우주를 구성하고 있는 대부분의 헬륨이 빅뱅(big bang, 대폭발) 후 몇 분 동안에 합성되었다는 것을 알아냈다. 그들은 우주 초기의 원자핵 합성이 끝났을 때 대략 수소와 헬륨 원자핵의 비율이 10 : 1 정도 되었다는 계산 결과를 내놓았다. 여전히 헬륨보다 무거운 원소들이 어떻게 만들어졌는지를 설명할 수는 없었지만 수소와 헬륨의 형성 과정을 알아낸 것만으로도 대단한 성과였다.

별 내부의 핵융합 반응은 매우 느리게 진행되기 때문에 별 내부에서 합성된 헬륨의 양은 전체 우주에 존재하는 헬륨의 양에 비해 아주 적다. 따라서 우주 전체의 수소와 헬륨의 비율은 우주 초기와 크게 다르지 않다. 알파베타감마 논문에는 이런 내용이 들어 있었다.

알퍼는 이러한 내용을 정리하여 박사 학위 논문으로 제출했다. 박사 학위 논문 발표는 대개 소수의 교수와 관심 있는 학자들이 모인 자리에서 하는 것이 관례이다. 그러나 알퍼가 우주 초기의 원자핵 합성 과정을 밝혀냈다는 소문이 널리 퍼졌기 때문에 300명의 학자들이 참석했다. 알퍼는 논문 발표에서 우주를 구성하는 수소와 헬륨이 합성되는 데 5분밖에 걸리지 않았다고 설명했다. 다음 날 미국 신문들은 이 내용을 머리기사로 보도했다.

그런데 가모와 알퍼가 헬륨보다 무거운 원소들이 어떻게 합성되었는지를 밝혀내지 못한 것은 치명적인 약점이었다. 헬륨 원자핵이 만들어진 후에는 온도가 너무 내려가 더 이상 원자핵 합성이 불가능했다. 그러나 우주에는 헬륨보다 무거운 원소들이 존재한다. 알퍼와 가모의 이론에 반대하는 사람들은 이 점을 지적하고, 그들이 수소와 헬륨의 비율을 정확히 예측한 것은 우연의 일치일 뿐이라고 반박했다.

무거운 원자핵에 관한 문제를 해결하지 못한 알퍼는 로버트 허먼Robert Herman, 1914~1997과 함께 우주 초기의 또 다른 현상을 연구하기 시작했다. 최초의 우주는 온도가 너무 높아 모든 것이 기본적인 입자들로 분리되어 있었다. 그다음 몇 분 동안은 너무 뜨겁지도 너무 차갑지도 않아 헬륨 원자핵이 합성될 수 있었다. 알파베타감마 논문이 다룬 시기는 여기까지이다. 그 후의 우주는 식어서 더 이상의 핵융합이 일어나기 어려웠다.

핵융합이 일어나기에는 온도가 낮았지만 우주의 온도는 여전히 100만K가 넘었다. 이렇게 높은 온도에서는 원자핵이 전자와 결합할 수 없다. 따라서 우주는 수소 원자핵(양성자), 헬륨 원자핵, 전자로 이루어진 플라스마 상태였다. 원자핵이나 전자와 같이 전기를 띤 입자들이 기체 상태를 이루고 있는 것을 플라스마라고 한다. 그리고 우주에는 빛이 있었다. 우주에는 빛이 가득했지만 한치 앞도 내다볼 수 없는 불투명한 상태였다. 전자들이 빛 입자를 산란시켜 빛이 조금도 앞으로 나갈 수 없었기 때문이다. 짙은 안개 속에서 한치 앞도 볼 수 없는 것과 비슷한 상황이었다.

알퍼와 허먼은 우주의 시간을 앞으로 돌려 가면서 어떤 일이 일어나는지를 조사했다. 우주의 나이가 약 30만 년이 지나자 온도가 3000K까지 내려가, 이제는 원자핵과 전자가 결합하여 중성 원자가 만들어질 수 있게 되었다. 현재는 좀 더 정밀한 계산을 통해 이 시기의 우주 나이가 약 38만 년이라고 학자들은 생각한다.

중성 원자가 형성되자 빛이 아무런 방해를 받지 않고 우주 공간을 달릴 수 있게 되었다. 이때 우주를 달리기 시작한 빛은 3000K의 물체가 내는 것과 같은 노란색이다. 알퍼와 허먼은 우주가 팽창하면서 온도가 내려가 현재는 파장이 긴 마이크로파가 되었을 것이라고 예측했다. 따라서 이때 우주를 달리기 시작한 마이크로파가 모든 방향에서 우리를 향해 오고 있다. 이것이 '마이크로파 우주 배경 복사'이다.

알파베타감마 논문이 출판된 후 몇 달 만에 완성된 알퍼와 허먼의 연구 역시 초기 우주를 설명하는 중요한 논문이었다. 만약 누군가가 우주의 모든 방향에서 오는 마이크로파 우주 배경 복사를 찾아낸다면 가모와 알퍼, 허먼의 연구 결과가 옳다는 것을 증명해 줄 것이다. 그러나 당시 기술로는 마이크로파 우주 배경 복사를 찾아낼 수 없었다. 따라서 알퍼와 허먼의 연구는 무시되었다.

가모와 알퍼, 허먼은 그 후 5년 동안 자신들의 연구 성과를 받아들이도록 설득하기 위해 노력했지만 성공하지 못했다. 설득에 실패한 세 사람은 1953년, 그때까지의 연구를 종합하여 마지막 논문을 출판하고는 연구 팀을 해체했다. 가모는 DNA 연구를 시작했고, 알퍼는 제너럴일렉트릭사의 연구원이 되었으며, 허먼은 제너럴모터스 연구소에 취직했다.

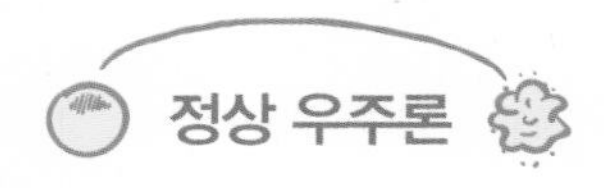

우주가 과거 특정한 시점에 팽창하면서 시작되었다는 가모와 알퍼의 우주론을 가장 적극적으로 반대한 사람은 영국 케임브리

지 대학에서 활동하던 프레드 호일Fred Hoyle, 1915~2001, 토머스 골드Thomas Gold, 1920~2004와 헤르만 본디Hermann Bondi, 1919~2005였다. 그들은 팽창하고 있지만 전체적인 모습은 변하지 않는다는 새로운 우주론을 제안했다. 우주가 팽창하고 있다면 빅뱅 우주론이 설명하는 것처럼 시간이 흐를수록 밀도가 낮아져야 한다. 골드는 우주가 팽창하면서 생기는 새로운 공간은 새로운 물질이 창조되어 채우기 때문에 전체 밀도가 일정한 값으로 유지되는 새로운 우주 모델을 생각해 냈다.

이런 우주는 허블이 관측한 것처럼 팽창하면서도 전체적인 모습은 변하지 않고 영원히 존재한다. 이런 우주론을 '정상 우주론'이라고 한다. 호일과 골드, 본디는 골드의 이런 생각을 발전시켜 1949년에 정상 우주론을 주장하는 두 편의 논문을 발표했다. 그 후 그들은 빅뱅 우주론에 맞서 정상 우주론을 홍보하는 데 온 힘을 기울였다.

■-프레드 호일

그런데 정상 우주론에 담긴 주제는 아무 것도 없는 공간에서 어떻게 물질이 창조될 수 있는가 하는 것이었다. 그들은 우주가 팽창하면서 생긴 공간을 메우는 데는 커다란 체육관만 한 공간에 100년에 걸쳐 하나의 원자가 만들어지는 정도면 충분하며, 이렇게 점진적으로 물질이 만들어지는 것이 한순간에 우주 전체의 물질이 만들어졌다는 빅뱅 이론보다 훨씬 그럴듯하다고 주장했다.

호일은 정상 우주론이 옳다는 결정적인 증거를 찾아내고 싶어 했다. 정상 우주론이 옳다면 나이가 어린 아기 은하가 우주 곳곳에서 발견될 것이고, 빅뱅 우주론이 옳다면 아기 은하는 아주 먼 곳에서만 발견될 것이다. 먼 곳에 있는 은하에서 빛이 지구까지 오는 데 오랜 시간이 걸리므로 먼 곳에 있는 은하는 우주의 나이가 어릴 때 존재했던 아기 은하일 수밖에 없기 때문이다.

하지만 정상 우주론이 빅뱅 우주론과 경쟁을 벌이던 1940년대에는 성능이 좋은 망원경으로도 아기 은하와 나이가 많은 은하를 구별할 수 없었다.

어느 우주론이 옳은지 밝혀 줄 결정적인 증거를 찾지 못한 채 끝없는 논쟁만 반복하던 천문학자들은 차츰 결론이 없는 논쟁에 지쳐 갔고, 우주론에 대한 관심도 식어 갔다. 자신들의 이론을 증명할 증거도 찾지 못하고, 사람들의 관심에서도 멀어진 호일의 연구 팀은 가모의 연구 팀과 마찬가지로 흩어졌다.

빅뱅 우주론	**우주가 고온과 고밀도의 상태에서 만들어져 팽창하면서 식어 왔다.**
정상 우주론	**우주가 밀도를 일정하게 유지한 채 물질이 계속 생성되면서 팽창한다.**

빅뱅 우주론과 정상 우주론의 차이

무거운 원소의 합성 과정을 밝혀내다

빅뱅 우주론과 정상 우주론 모두 헬륨보다 무거운 원소의 합성 과정을 밝혀내는 것이 가장 큰 숙제였다. 빅뱅 우주론은 헬륨보다 무거운 원소의 합성 과정을 설명하지 못했다. 빅뱅 초기의 우주에서는 수소와 헬륨 그리고 약간의 리튬만 만들어질 수 있었다. 별의 내부에서 일어나는 핵융합 반응으로 무거운 원소가 만들어진다고 주장하는 사람도 있었지만 그런 반응이 일어나는 과정을 알아내지 못했다. 정상 우주론도 이 문제에 대해서는 마찬가지였다. 팽창으로 생기는 공간을 채우면서 만들어지는 물질에서 무거운 원소가 만들어지는 과정을 밝혀내지 못하면 역시 위기에 봉착할 수밖에 없었다.

이 문제를 해결하여 두 우주론을 위기에서 구하는 일에 앞장선 사람은 정상 우주론을 주장한 프레드 호일이었다. 그가 주목한 것은 헬륨 원자핵이 융합하여 탄소로 바뀌는 과정이었다. 우주에 존재하는 무거운 원소들이 만들어지기 위해서는 우선 탄소 원자핵이 만들어져야 한다. 탄소 원자핵이 그 이후 다른 원자핵이 합성되는 과정에 중요한 역할을 하기 때문이다. 그러나 헬륨이 탄소로 바뀌는 과정을 찾아낼 수 없었다. 이것은 가모와 알퍼 그리고 허먼이 우주 초기에 헬륨이 더 무거운 원소로 변환되는 과정을 설명하려고 할 때 부딪힌 벽이었다. 헬륨이 탄소로 바뀌는 것은 불가능해 보였다.

가장 일반적인 탄소 원자는 원자핵에 여섯 개의 양성자와 여섯 개의 중성자를 가지고 있는 탄소-12이다. 그리고 가장 일반적인 헬륨 원자는 원자핵에 두 개의 양성자와 두 개의 중성자를 가지고 있는 헬륨-4이다. 따라서 헬륨이 탄소로 바뀌기 위해서는 세 개의 헬륨 원자핵이 융합하여 하나의 탄소 원자핵이 되는 길을 찾아내어야 한다. 궁리 끝에 호일은 한 가지 방법을 생각해 내고 미국 캘리포니아 공과대학의 실험 물리학자 와일리 파울러William Alfred Willy Fowler, 1911~1995에게 자신의 이론을 실험을 통해 확인하도록 했다.

실험을 시작하고 얼마 되지 않아 파울러는 호일의 생각이 옳다는 것을 확인했다. 이로써 헬륨 원자핵이 탄소 원자핵으로 바뀌는 과정이 밝혀졌다. 헬륨-4 원자핵 두 개가 결합하여 베릴륨-8이 되고, 여기에 다시 헬륨 원자핵 하나가 더 첨가되어 탄소 원자핵이 된다. 이 반응은 약 2억K에서 일어난다는 것이 확인되었다.

탄소 원자핵의 합성 과정을 설명한 것은 우주에 존재하는 무거운 원소의 합성 과정을 설명하는 시작일 뿐이었다. 탄소보다 무거운 원소들의 합성을 설명하기 위한 연구는 그 후에도 계속되었다. 파울러, 마거릿 버비지와 제프리 버비지 부부도 공동으로 이 연구에 참여했다. 모든 무거운 원소의 합성 과정을 밝혀낸 네 사람은 104쪽이나 되는 『별의 원소 합성』이라는 제목의 긴 논문을 발표하였다. 이 논문은 우주 진화 과정을 밝혀낸 가장 중요한 논문 중 하나가 되었다. 이 논문은 저자들의 이름 첫 글자를 따서 B^2FH라는 이름으로 불린다. 와일리 파울러는 이 연구로 노벨 물리학상을 받았다.

이렇게 해서 호일은 무거운 원자핵 합성 문제를 해결하는 데는 성공했지만 연구 결과는 결과적으로 본인이 제안한 정상 우주론이 아니라 반대하는 입장에 있는 빅뱅 우주론에 유리하게 작용했다. 무거운 원자핵 합성 과정을 밝혀냄으로써 별 내부에서 일어나는 핵융합 반응 과정을 통해 오늘날 우리가 보는 무거운 원소들이 만들어졌다고 설명할 수 있게 되었는데 이것은 두 우주론 모두에게 도움이 되었다. 그러나 빅뱅 우주론은 우주에 존재하는 수소와 헬륨의 비율을 우주 초기에 있었던 핵융합 반응으로 설명할 수 있지만 정상 우주론은 그러지 못했다.

헬륨보다는 무겁지만 탄소보다는 가벼운 리튬과 붕소 원자핵 합성 과정을 설명할 수 있기 때문에 빅뱅 우주론은 더욱 유리해졌다. 과학자들의 계산 결과에 따르면 리튬과 붕소의 원자핵은 별 내부의 핵융합 반응으로는 합성될 수 없다. 다만 우주 초기의 높은 온도에서 약간의 리튬과 붕소가 만들어질 수 있는데, 이때 만들어진 리튬과 붕소의 양을 계산한 값은 현재 우주에서 관측되는 양과 일치한다.

무거운 원소의 합성 과정에 대해 이렇게 설명하였지만 빅뱅 우주론이 제대로 받아들여진 것은 이후에 결정적 증거라고 할 수 있는 마이크로파 우주 배경 복사가 발견되었기 때문이다.

우주 배경 복사의 발견

빅뱅 우주론이 정상 우주론을 이기고 정통 우주론으로 자리 잡게 된 것은 1960년대 초 미국의 아노 펜지어스Arno Allan Penzias, 1933~와 로버트 윌슨Robert Woodrow Wilson, 1936~이 마이크로파 우주 배경 복사를 발견한 후의 일이다. 1961년에 박사 학위를 받고 벨연구소의 연구원이 된 펜지어스는 무선 통신과 관련된 연구를 하면서 천문학 연구도 계속할 수 있도록 허가를 받았다. 2년 후인 1963년에는 캘리포니아 공과대학에서 박사 학위를 받은 윌슨이 벨연구소로 와서 두 사람이 팀을 이루었다.

펜지어스와 윌슨은 무선 통신에 사용하려고 제작했다가 사용하지 않고 있는 거대한 나팔 모양의 안테나를 천체 관측에 쓰기로 했다. 이 안테나는 주변 지역의 전파 방해를 잘 차단할 뿐더러, 충분히 크기가 커서 천체에서 오는 전파 신호를 매우 정확하게 수신할 수 있었으므로 천체 관측용으로 쓰기에 아주 좋은 장비였다.

■ – 펜지어스와 윌슨이 마이크로파 우주 배경 복사 발견에 사용한 나팔 모양의 안테나.

그들은 하늘에서 오는 전파를 조사하기 전에 우선 이

안테나의 성능을 점검하고, 어떤 잡음들이 잡히는지를 알아야 했다. 먼 은하에서 오는 전파 신호는 매우 약하기 때문에 약간의 잡음도 문제가 된다. 잡음을 점검하기 위해 은하가 없어 아무런 전파 신호도 오고 있지 않을 것이라고 생각되는 지점으로 안테나가 향하도록 했지만 잡음이 사라지지 않았다.

모든 방법을 동원했지만 잡음이 사라지지 않았다. 이 잡음은 안테나가 향하는 방향이나 관측 시간과 관계없이 항상 똑같이 잡혔기 때문에 두 사람은 이 잡음이 안테나 스스로 만들어 내는 잡음일지 모른다고 생각했다.

그들은 안테나의 부품을 모두 조사했다. 확실히 하기 위해 아무 문제가 없어 보이는 연결 부분도 알루미늄 테이프로 감쌌다. 또 나팔 모양의 안테나 안쪽에 둥지를 튼 한 쌍의 비둘기 때문일지도 모른다고 생각하고 표면에 묻어 있는 비둘기의 배설물을 닦아 내기도 했다. 많은 노력에도 불구하고 이 잡음은 모든 방향에서 언제나 잡혔다.

1963년 말 펜지어스는 몬트리올에서 열린 천문학회에 참석했다가 매사추세츠 공과대학의 버나드 버크Bernard Flood Burke, 1928~2018를 만나 잡음 문제에 대해 이야기를 나누었다. 몇 달이 지난 후에 버크가 펜지어스에게 전화로 알려 주었다. 프린스턴 대학의 물리학자인 로버트 디키Robert Henry Dicke, 1916~1997와 제임스 피블스Phillip James Edwin Peebles, 1935~가 우주 배경 복사에 대해 연구를 하고 있는데 펜지어스와 윌슨이 없애려고 하는 잡음이 바로 그 우주 배경 복사인 것 같다는 것이었다.

프린스턴 대학의 디키와 피블스는 가모, 알퍼, 허먼이 15년 전에 우주 배경 복사에 대해 연구했다는 사실을 모른 채 마이크로파 우주 배경 복사를 다시 연구하고 있었다. 펜지어스는 디키에게 전화를 걸어 그들을 골치 아프게 하는 잡음에 대해 설명했다. 디키와 그의 연구팀은 다음 날 펜지어스와 윌슨을 방문하여 안테나를 조사하고 잡음이 마이크로파 우주 배경 복사라는 것을 확인하였다.

1965년, 펜지어스와 윌슨은 연구 결과를 천문학회지에 발표했다. 그들은 관측한 것을 그대로 발표했을 뿐 설명하지는 않았다. 디키와 그의 연구 팀은 펜지어스와 윌슨이 발견한 것이 마이크로파 우주 배경 복사라는 것을 설명하는 논문을 같은 잡지에 발표했다. 이렇게 해서 빅뱅 우주론의 결정적 증거라고 할 수 있는 마이크로파 우주 배경 복사가 확인되었다. 그래서 빅뱅 우주론이 정통 우주론이 되었고, 펜지어스와 윌슨은 1978년 노벨 물리학상을 수상했다.

마이크로파 우주 배경 복사에는 우리가 관측할 수 있는 가장 이른 시기의 우주에 대한 정보가 들어 있다. 우주 배경 복사가 우주를 달리기 이전의 우주는 불투명했기 때문에 어떤 전자기파 신호도 남아 있지 않다. 그러나 우주 배경 복사는 나이가 38만 년이 되었을 때의 우주에 대한 정보를 담은 채 오늘도 우주의 모든 방향에서 우리를 향해 날아오고 있다. 따라서 우주의 역사를 연구하는 과학자들에게 우주 배경 복사는 가장 귀중한 우주 고고학적 자료이다.

펜지어스와 윌슨이 마이크로파 우주 배경 복사를 발견한 후 우주 배경 복사를 자세하게 관측하여 초기 우주의 상태를 알아내고, 이를 바탕으로 오늘날 우리가 관측하는 은하와 은하단과 같은 구조가 만들어지는 과정을 이해하려는 노력이 전개되었다. 그러나 대기의 방해 때문에 지상 관측으로는 우주 배경 복사를 정밀하게 측정하기 어렵다. 그래서 천문학자들은 지구 대기권 밖에서 우주 배경 복사를 측정하는 탐사 위성을 발사하였다.

1989년 11월에 미국 항공 우주국이 발사한 우주 배경 복사 탐사위성COBE과 2001년 6월에 발사한 윌킨슨 마이크로파 비등방성 탐사 위성WMAP, 2009년 5월에 유럽 항공 우주국이 발사한 플랑크 탐사 위성의 우주 배경 복사 관측은 큰 성과를 거두었다. 이들 관측

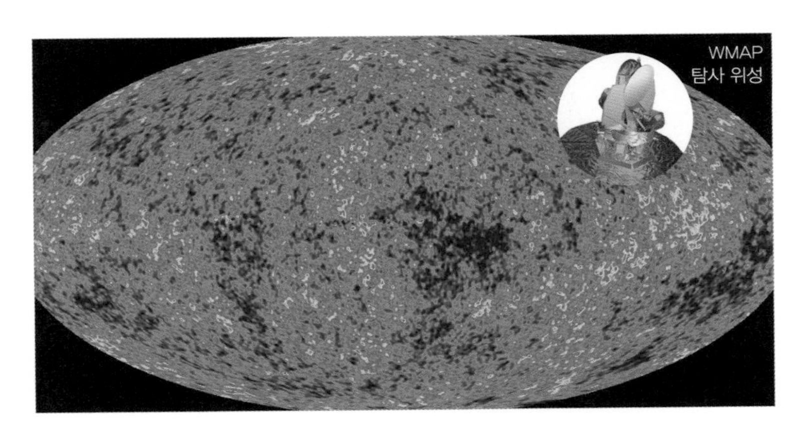

■ — WMAP 탐사 위성과, 이 위성이 관측한 자료를 이용하여 만든 우주 배경 복사 지도. 초기에 이미 우주 구조의 씨앗이 만들어졌다는 것을 보여 준다.

위성 덕분에 오늘 날 우주의 복잡한 구조를 만들어 낼 씨앗이 초기 우주에 이미 잉태되어 있었다는 것을 확인하였고, 우주가 시작된 빅뱅이 138억 년 전에 있었다는 것도 밝혀낼 수 있었다.

우주의 역사

마이크로파 우주 배경 복사의 발견으로 빅뱅 우주론이 널리 받아들여지게 되자 천문학자들은 빅뱅 후 현재까지 우주 역사를 밝혀내는 연구를 본격적으로 시작했다. 1960년대 이후 이루어진 연구를 통하여 우주 진화 과정의 역사가 자세하게 밝혀졌다. 약 138억 년 전에 있었던 빅뱅은 한 점에 모여 있던 에너지와 물질이 팽창하기 시작한 사건일 뿐만 아니라 우주의 공간과 시간이 시작된 사건이었다.

인플레이션(급속 팽창) 빅뱅 후 우주가 팽창하면서 온도와 밀도가 내려갔다. 우주의 현재 상태를 조사한 과학자들은 빅뱅 초기에 우주가 아주 빠른 속도로 팽창하는 인플레이션 단계가 있었다고 설명한다. 빅뱅 후 10^{-35}초부터 10^{-32}초까지 계속된 인플레이션 단계에 우주의 지름은 10^{43}배, 부피는 10^{129}배로 커졌다. 우주 공간이 빛보다 더 빠른 속력으로 팽창했다. 아인슈타인의 상대성 이론에 의하

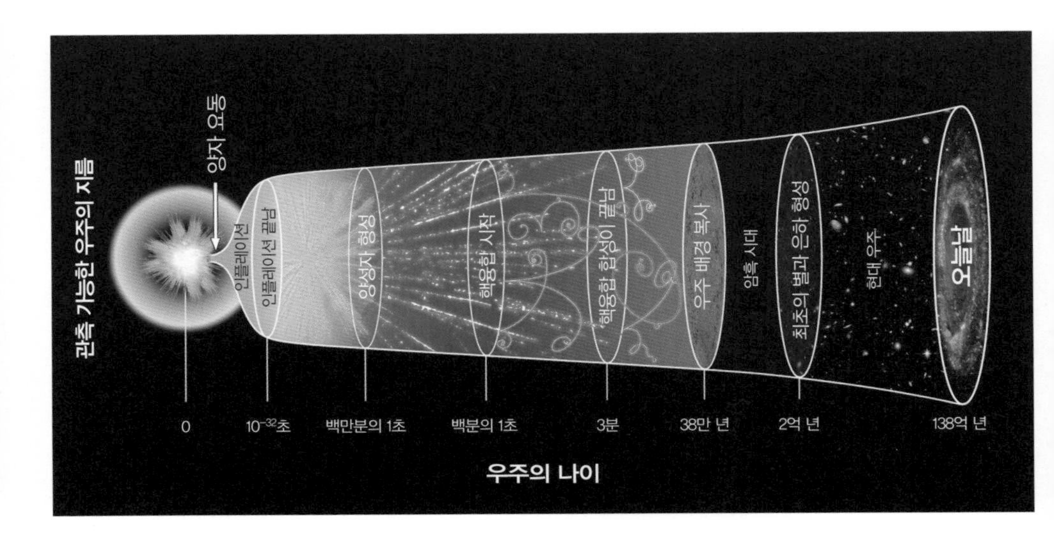

● – 우주의 역사 연대표.

면 우주 공간에서는 어떤 것도 빛보다 더 빠른 속력으로 달릴 수 없다. 그러나 공간 자체가 빛보다 더 빠른 속력으로 팽창하는 것은 상대성 이론에 어긋나지 않는다. 인플레이션 단계가 끝난 다음에도 우주는 완만한 팽창을 계속했다.

원자핵 형성 우주가 팽창하면서 온도가 더 내려가자 물질을 이루는 가장 작은 입자들이 만들어졌다. 이런 입자들에 대해 알지 못한 가모와 알퍼는 양성자, 중성자, 전자에서 우주가 시작된 것으로 생각했지만 현재는 우주의 시작을 그 이전 단계부터 다룬다. 이런 입자들이 결합하여 수소 원자핵인 양성자와 중성자가 만들어지고,

이들이 결합하여 헬륨 원자핵, 약간의 리튬 원자핵과 붕소의 원자핵이 형성되었다. 우주의 99% 이상을 차지하는 이들 원자핵들이 만들어지는 데는 3분밖에 걸리지 않았다.

플라스마 수프 원자핵 형성이 끝난 우주는 양전하를 띤 양성자(수소 원자핵)와 헬륨 원자핵, 아주 적은 양의 리튬과 붕소 원자핵, 음전하를 띤 전자로 이루어진 플라스마 수프 상태였다. 이때 우주의 온도는 더 무거운 원자핵을 만들기에는 너무 낮았고, 전자와 원자핵이 결합하여 중성 원자를 형성하기에는 너무 높았다. 따라서 전자들은 원자핵과 결합하지 못하고 자유 전자 상태로 우주를 떠돌고 있었다. 플라스마 수프 상태의 우주는 입자를 만들고 남은 빛으로 가득했지만 자유 전자들이 빛의 진행을 방해했기 때문에 한 치 앞도 볼 수 없는 불투명한 상태였다. 이 상태는 약 38만 년 동안 계속되었다.

빅뱅 후 약 38만 년이 지나 우주의 온도가 3000K까지 내려가자 높은 온도 때문에 원자핵과 결합하지 못하던 전자들이 원자핵과 결합하여 중성 원자를 형성했다. 자유 전자가 원자 안으로 사라지자 빛이 아무런 방해를 받지 않고 우주를 달릴 수 있게 되어 우주 배경 복사가 되었다.

암흑 시기 우주 배경 복사는 우주가 팽창하면서 파장이 길어져 현재는 온도가 2.73K인 물체가 내는 복사선과 같은 마이크로파 형태의 전자기파로 관측된다. 그 후에도 우주는 팽창을 계속하여 온도가 더욱 낮아졌다. 이에 따라 우주 배경 복사도 파장이 더 길어져 가시광선보다 파장이 길어서 눈에 보이지 않는 전자기파가 되었다. 이때 우주를 관측하는 천문학자가 있었다면 우주가 빛 하나 없는 암흑 세상이라고 했을 것이다. 우주가 어둠에 묻혀 있던 이 시기를 우주의 '암흑 시기'라고 한다.

암흑 시기는 빅뱅 후 약 1억 8000만 년까지 계속되었다. 암흑 속에서 우주는 별과 은하를 만들기 위한 준비를 하고 있었다. 초기에는 온도가 높아서 분자의 운동이 활발했기 때문에 중력으로 물질을 끌어모아 별이나 은하와 같은 구조를 만들 수 없었다. 이윽고 온도가 내려가 분자들의 운동이 느려지자 밀도가 높은 지점을 중심으로 물질이 모여 커다란 물질 덩어리를 형성하기 시작했다.

우주 배경 복사를 관측하여 확인한 '구조의 씨앗'에서 출발하여 별이나 은하, 은하단과 같은 거대한 구조가 만들어지는 과정에 대해서는 많은 학자들이 연구하였지만 아직 확실해진 것은 없다. 컴퓨터 시뮬레이션 결과 우주 초기에 별과 은하가 만들어지는 과정에 은하 중심부에 있는 거대 블랙홀이 중요한 역할을 했다는 것을 알아냈다. 모든 은하의 중심에는 태양 질량의 수백만 배에서 수십억 배에 이르는 거대한 블랙홀이 있다.

1세대 별 탄생 암흑 시기에 온도가 충분히 낮아진 차갑고 어두운 우주에서 중력에 이끌려 수소와 헬륨 기체가 뭉쳐져서 만들어진 별을 1세대 별이라고 한다. 1세대 별이 형성되기 시작했을 때 우주에는 아직 무거운 원자로 이루어진 분자는 없었다. 따라서 태양 질량의 수백 배만큼이나 질량이 큰 별이 쉽게 만들어질 수 있었다. 질량이 큰 1세대 별의 내부에서는 빠른 속도로 핵융합 반응이 진행되어 무거운 원소들이 만들어졌다. 빅뱅의 용광로에서는 우주를 이루는 가장 가벼운 원소인 수소와 헬륨이 만들어졌고, 1세대 별 내부의 용광로에서는 수소와 헬륨을 원료로 하여 무거운 원소들이 만들어졌다.

별 내부에서 핵융합 반응으로 만들어질 수 있는 원소의 한계는 원자 번호가 26번인 철Fe이다. 철보다 무거운 원소는 거대한 별이 일생을 마감하는 단계인 초신성 폭발 때에 에너지를 공급 받아 만들어졌다. 별의 중심에서는 핵융합 반응을 통하여 철이 만들어지는데, 철로 이루어진 핵이 엄청난 중력을 이기지 못하고 양성자가 중성자로 전환되면서 초신성 폭발이 일어난다. 초신성 폭발과 함께 별을 이루던 많은 물질이 우주 공간으로 흩어졌다.

현재 우리가 살아가고 있는 우주에 다양한 원소가 분포하게 된 것은 초신성 폭발이 무거운 원소들을 만들어 우주에 흩어 놓았기 때문이다. 1세대 별이 폭발하면서 공간으로 날려 보낸 물질로 이루어진 성간운에서 1세대 별에는 없던 무거운 원소들을 많이 포함하는 다음 세대 별이 만들어졌다. 그리고 지구와 같이 별 주위에 형성된 작은 행성들은 중력이 약해서 수소, 헬륨과 같이 가벼운 원소들을 잡아 둘 수 없고, 그 대신 생명체를 구성하는 데 필요한 무거운 원소들을 많이 잡아 가둔 천체가 되었다.

천문학 산책

빅뱅이라는 명칭의 유래

빅뱅 우주론이라는 명칭은 우주 배경 복사가 발견된 후에도 빅뱅 우주론을 받아들이지 않았던 프레드 호일에 의해 붙여졌다. 1949년에 영국 방송공사(BBC)는 라디오 방송에 호일을 초청하여 우주론에 대해 다섯 번의 강의를 하도록 했다. 이 방송이 있기 전까지 빅뱅 우주론은 역동적으로 진화하는 우주 모델이라고 불리고 있었다.

호일은 이 방송에서 두 가지 경쟁적인 우주론이 있다는 것을 설명하면서 빅뱅이라는 말을 처음 사용했다.

"우주론에는 두 가지 경쟁 모델이 있습니다. 그중의 하나는 우주가 커다란 폭발과 함께 시작되었다고 주장합니다. 이 가설에 의하면 오늘날의 팽창은 이 격렬한 폭발의 유물입니다. 나에게는 이 빅뱅 아이디어가 만족스럽지 않습니다. (…) 과학적인 근거로 볼 때 이 빅뱅 가설은 두 이론 중에 훨씬 가능성이 작은 이론입니다. (…) 철학적인 근거로 볼 때도 마찬가지입니다. 나는 빅뱅 가설을 더 선호해야 할 아무런 이유를 발견할 수 없습니다."

호일이 빅뱅이라고 말할 때 그의 목소리는 경멸하는 어조였다. 그는 이 단어를 경쟁적인 이론을 조롱하기 위해 선택했다. 영어에서 'bang'이라는 단어는 우리말의 '꽝'처럼 큰 소리를 나타내는 의성어이다. 따라서 빅뱅을 말 그대로 번역하면 '큰 꽝'이 된다. 중요한 우주론에는 어울리지 않는 이름이었지만 많은 사람들이 이 이름을 사용하면서 정식 명칭으로 굳어졌다.

우주 배경 복사가 발견되어 빅뱅 우주론이 널리 받아들여지자 빅뱅이라는 명칭이 우주의 시작을 설명하는 이론에 어울리지 않는 이름이라고 불평하는 사람들이 생겨났다. 그러자 1993년, 아마추어 천문학 잡지인 『하늘과 망원경SKY & TELESCOPE』이 빅뱅을 대신할 새로운 이름을 공모하였다. 유명한 천문학자인 칼 세이건을 비롯한 심사위원들은 41개국에서 보내온 1만 3099개의 이름을 검토한 후 빅뱅이라는 이름을 그대로 사용하기로 했다. 빅뱅만큼 강렬한 인상을 주면서 기억하기 좋은 이름이 없었던 것이다.

10장

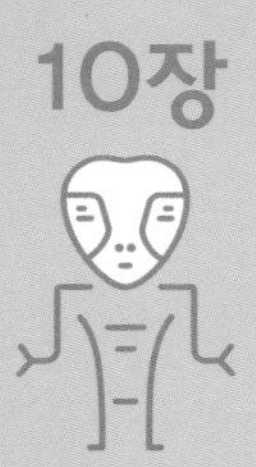

우주의 미래는 어떻게 될까?

우주의 운명은 암흑 에너지가 결정한다!

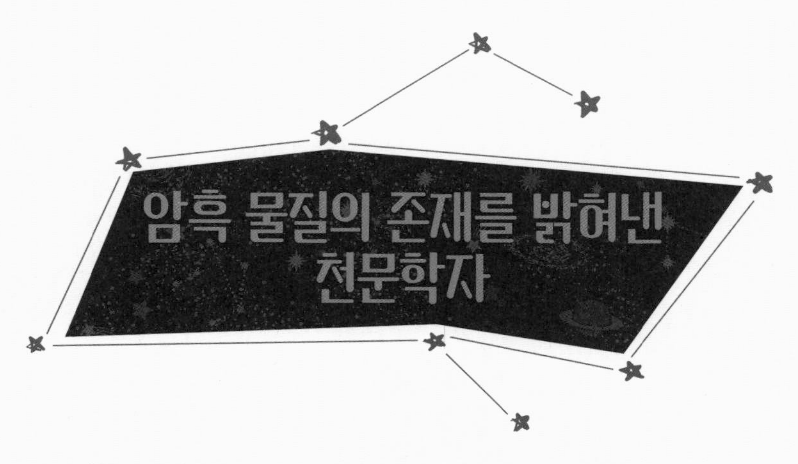

암흑 물질의 존재를 밝혀낸 천문학자

대학에서 천문학을 공부하고, 한스 베테와 조지 가모의 지도를 받아 박사 학위를 받은 베라 루빈Vera Rubin, 1928~2016은 애리조나에 있는 키트피크Kitt Peak 천문대에서 은하 속 별의 운동을 연구하기 시작했다. 태양계 행성들이 태양 주위를 도는 것처럼 은하 속의 별은 은하의 중심 주위를 돈다. 중력 법칙이 옳다면 은하의 중심 주위를 돌고 있는 별에게도 케플러의 행성 운동 법칙이 적용되어야 한다.

루빈은 놀라운 사실을 발견했다. 나선 은하의 가장자리에 있는 별들과 수소 기체 구름이 은하 중심부에 있는 별들만큼 빠른 속력으로 은하를 돌고 있었다. 케플러의 행성 운동 법칙에 따르면 행성의 회전 속력은 태양에서 멀어질수록 느려져야 한다. 중력은 은하에서도 똑같이 적용되는 힘이므로 은하의 별도 중심에서 멀어지면 천천히 회전해야 한다. 그러나 관측 결과는 그렇지 않았다.

은하 중심에 가까운 별과 은하 중심에서 멀리 떨어진 별의 회전 속력이 비슷했다. 은하 가장자리에 있는 별이 이렇게 빨리 돈다면 그 별은 은하에서 멀리 달아나야 한다. 그런데도 별이 달아나지 않는다는 것은 이들을 붙잡고 있는 무엇이 있다는 뜻이다.

■ – 베라 루빈

루빈은 200개가 넘는 은하 주위 별의 운동을 조사하고, 모든 은하의 별에서 이런 일이 일어나고 있다는 것을 알았다. 은하의 중심을 따라 도는 별이 중력 법칙을 따르지 않는다는 것은 작은 문제가 아니다. 그것은 두 가지 가능성을 내포한다. 하나는 은하같이 큰 세계에서는 우리가 알고 있는 중력 법칙이 성립하지 않을 가능성이다. 또 다른 하나는 은하에 우리가 관측하지 못한 숨어 있는 질량이 있을 가능성이다.

과학자 중에는 은하 주위를 도는 별의 운동을 설명하는 새로운 중력 법칙을 제안하는 사람도 있었다. 그러나 은하 주위를 도는 별의 운동과 태양계 행성의 운동을 한꺼번에 설명할 수 있는 새로운 중력 이론을 만드는 데는 성공하지 못했다. 따라서 과학자들은 두 번째 가능성에 관심을 갖지 않을 수 없었다.

중력은 작용하지만 관측할 수는 없는 물질이 존재한다고 가정한다. 우리가 별을 관측할 수 있는 것은 별에서 전자기파 신호가 오기 때문이다. 따라서 우리가 관측할 수 없다는 것은 이 물질이 어떠한 전자기파 신호도 내거나 흡수하지 않는다는 뜻이다. 다시 말해 중력으로는 상호 작용을 하지만 전자기적으로는 상호 작용을 하지 않는다는 뜻이다. 우리 주위에는 이런 물질을 찾을 수 없다. 따라서 우리는 이런 물질이 어떤 물질인지 모른다. 과학자들은 이 물질을 '암흑 물질'이라고 부르기로 했다.

암흑 물질이라는 말에는 어두운 물질이라는 뜻도 있지만 알 수 없는 물질이라는 뜻도 있다. 암흑 물질을 연구한 과학자들은 우리가 알고 있는 보통 물질보다 암흑 물질이 우주에 훨씬 더 많이 존재한다는 것을 알게 되었다. 따라서 암흑 물질은 우주의 진화 과정에서 중요한 역할을 한다.

그렇다면 암흑 물질에 대한 연구는 어떻게 진행되고 있을까? 암흑 에너지는 암흑 물질과 어떤 관계가 있을까?

사라진 질량

암흑 물질의 존재를 처음 제기한 사람은 불가리아에서 태어난 스위스 천문학자로 캘리포니아 공과대학에서 연구하고 있던 프리츠 츠비키Fritz Zwicky, 1898~1974이다. 허블의 관측 결과를 우주의 팽창이 아닌 다른 방법으로 설명하려고 하고, 동료 과학자들을 당황하게 하는 여러 가지 언행 때문에 기인 취급을 받았던 츠비키는 뛰어난 통찰력으로 많은 연구 업적을 남겼다.

츠비키는 1937년, 우주에 보통 물질과는 다른, 잃어버린 질량이 있을 것이라고 처음 제안했다. 츠비키는 지구에서 약 3억 광년 떨어진 머리털자리 은하단을 구성하고 있는 은하들의 운동을 조사했다. 지름이 약 2000만 광년이나 되는 머리털자리 은하단에는 약 1000개의 은하가 있다. 이 은하들은 제각기 다른 방향으로 은하단의 중심 주위를 돌고 있다. 이 은하들의 운동을 조사한 츠비키는 은하들의 속력이 놀랍도록 빠르다는 것을 발견했다.

천체들의 속력은 중력의 세기에 따라 달라진다는 성질을 이용하여 머리털자리 은하단을 이루는 은하들의 질량을 계산해 보았다. 은하들이 도는 속력을 이용하여 계산한 이 은하단의 질량은 은하의 밝기를 측정해 계산한 것보다 훨씬 컸다. 이 질량으로는 이 은하단을 구성하는 은하들의 빠른 속력을 감당할 수 없어야 했다.

지구를 비롯한 천체들은 탈출 속력을 가지고 있다. 탈출 속력은 천체가 중력을 이기고 우주 공간으로 날아갈 수 있는 속력인데 천체의 질량과 크기에 의해 결정된다. 지구의 탈출 속력은 초속 약 11.2킬로미터이고, 달 표면의 탈출 속력은 초속 약 2.4킬로미터이다. 행성이 태양계에서 멀리 달아나지 않고 태양 주위를 돌고 있는 것은 행성의 속력이 태양의 탈출 속력보다 느리기 때문이다.

그런데 머리털자리 은하단의 은하들은 은하의 밝기로 추정한 질량을 합한 총질량의 탈출 속력보다 빠른 속력으로 운동하고 있었다. 따라서 이 은하단은 수십억 년이나 수억 년을 견디지 못하고 여러 조각으로 분리되었어야 했다. 그러나 이 은하단의 나이는 우주의 나이와 비슷하게 100억 년이 넘는다.

츠비키의 관측 후 수십 년 동안 다른 은하단에서도 같은 현상이 발견되었다. 따라서 이것은 머리털자리 은하단만의 문제가 아니었다. 아직 알려지지 않은 형태이고, 눈에 보이지 않는 잃어버린 질량이 은하단의 은하들을 묶어 놓고 있는 것 같았다. 한동안 천문학자들은 '잃어버린 질량'의 문제를 '잃어버린 빛'의 문제라고 불렀다.

암흑 물질이 있어야 한다

베라 루빈은 멀리 있는 은하단의 은하가 아니라 은하 주위를 돌고 있는 별들의 운동을 측정하여 츠비키가 제안한 사라진 질량의

■ – 앞에서 붉게 빛나는 은하(LRG 3-757)의 중력 렌즈 작용 때문에 멀리 뒤쪽에 있는 파란 은하가 말발굽(반지) 모양으로 보인다.

존재를 다시 확인했다. 암흑 물질의 존재는 중력 렌즈 현상을 통해서도 확인되었다. 중력장 안에서는 빛이 휘기 때문에 질량이 큰 천체들의 중력이 렌즈처럼 작용하여 여러 가지 상을 만들어 낼 수 있다. 질량이 큰 은하가 중력 렌즈 작용을 통해 뒤에 있는 은하를 실제와 다른 모양으로 보이도록 상을 만들어 내는 것이 실제로 관측되었다. 질량이 어느 정도 커야 중력 렌즈 현상이 나타나는지를 계산한 천문학자들은 은하에 보통 물질보다 암흑 물질이 훨씬 많다는 것을 다시 확인하였다. 최근에는 중력 렌즈 현상을 정밀하게 측정하여 은하나 은하단 내에 암흑 물질이 어떻게 분포하는지도 알아내고 있다.

암흑 물질은 상상의 산물이 아니라 관측을 통해 확인된 실제로 존재하는 물질이다. 우리는 단지 암흑 물질이 무엇인지 모를 뿐이다. 암흑 물질은 자연에 존재하는 네 가지 힘 중에서 중력으로만 상호 작용을 한다. 천체물리학자들이 오랫동안 연구하였지만 암흑 물질이 중력 외의 다른 힘으로 상호 작용을 하는 것은 찾아내지 못했다. 우주 배경 복사가 우주를 달리기 시작한 빅뱅 후 38만 년 되던 때에 이미 암흑 물질이 존재했다.

그동안 과학자들은 암흑 물질의 후보로 여러 가지를 제안했다. 그중 하나는 행성이나 갈색 왜성, 블랙홀과 같이 보통 물질로 이루어진 천체이지만 빛을 내지 않아서 관측되지 않은 마초MACHO이다. 질량이 작기 때문에 내부 온도가 핵융합을 시작할 만큼 충분히 높아지지 않아서 도중에 식어 가는 갈색 왜성이 상당히 많다는 것이 최근의 관측에서 확인되었다. 그리고 별 주위를 도는 외계 행성이 많이 발견되었는데 이러한 것이 일반적인 현상이라는 것이 밝혀졌다.

그리고 큰 별의 마지막 단계에서 만들어지는 블랙홀뿐만 아니라 은하 중심에 있는 거대 블랙홀도 질량이 크다. 스스로 빛을 내지 않는 이런 천체를 조사한 천문학자들은 이런 천체의 질량이 큰 것은 사실이지만 이것으로 암흑 물질을 설명할 수는 없다는 것을 알아냈다. 이런 천체에 숨어 있는 물질의 양은 보통 물질보다 많을 가능성이 거의 없지만 암흑 물질의 양은 우리가 관찰할 수 있는 보통 물질의 다섯 배가 넘는 것으로 알려졌기 때문이다.

암흑 물질의 또 다른 후보는 '약하게 상호 작용하는 무거운 입자'라는 영어 단어의 머리글자를 따서 윔프WIMP라고 부르는 입자인데, 아직 발견되지 않은 이론상의 입자이다.

중성미자도 그중 하나이다. 태양의 핵에서 한 개의 헬륨 원자핵이 만들어질 때마다 두 개씩 만들어지는 중성미자는 진공 속을 거의 빛의 속도로 여행한 후에 아무 것도 없는 것처럼 지구를 통과하여 지나간다. 낮에는 우리 몸을 통과한 중성미자가 지구를 통과해 지나가고, 밤에는 지구를 통과한 중성미자가 우리 몸을 통과해 지나간다. 우리 몸을 통과해 지나가는 중성미자의 수는 매초 약 1000억 개나 된다. 과학자들은 물질과 중력 이외의 방법으로는 상호 작용하지 않는 입자를 찾아내기 위해 지하에 거대한 입자 검출 장치를 설치하고 오랫동안 실험을 계속하고 있지만 아직 이런 입자를 찾아내지 못했다.

일부 물리학자들은 우리 우주가 중력으로만 상호 작용하는 평행 우주parallal universe를 가지고 있다고 주장한다. 우리는 이 평행 우주와 특별한 차원을 통해서 상호 작용을 하는 중력만을 측정할 수 있을 뿐이라는 것이다. 매우 흥미 있는 이야기처럼 들리지만 공상 과학 영화 이야기 같아 보이기도 한다. 그래서 그들은 지구가 태양을 중심으로 돌고 있다거나 우리 은하 밖에 다른 은하가 있다는 이야기를 처음 했을 때도 마찬가지로 허황되게 들렸을 것이라고 주장한다. 그러나 아쉽게도 이런 이론을 증명할 관측 증거는 아직 없다. 과학적 사실인지를 가려내는 것은 얼마나 그럴듯하냐가 아니라 증거가 있느냐 없느냐이다.

암흑 에너지가 있다

1990년대 말 Ia형 초신성을 표준 촛대로 이용하여 멀리 있는 은하들이 멀어지는 속력을 측정한 과학자들은 놀라운 사실을 발견했다. 그동안 과학자들은 중력 작용 때문에 우주의 팽창 속력이 느려지고 있을 것이라고 생각했다. 그래서 우주가 느려지는 비율이 어느 정도 이상이면 팽창을 멈추고 다시 한 점으로 돌아가는 빅크런치(big crunch, 대수축)가 있을 것이며, 어느 정도 이하이면 우주는 영원히 팽창하는 열린 우주가 될 것이라고 생각했다.

그러나 1998년에 브라이언 슈밋Brian Schmidt, 1967~을 주축으로 하는 하이-Z 초신성 연구 팀HZT과 솔 펄머터Saul Perlmutter, 1959~를 중심으로 하는 초신성 우주론 프로젝트 연구 팀SCP은 Ia형 초신성을 이용한 연구를 통해 우주의 팽창 속력이 빨라지고 있다는 것을 밝혀냈다. 여러 나라에서 온 20명의 천문학자로 구성된 하이-Z 초신성 연구 팀HZT의 컴퓨터는 높은 산 꼭대기의 망원경들은 물론 지구 궤도를 돌고 있는 허블 망원경도 연결하였다. 슈밋과 그의 동료들은 우주 팽창 속력의 변화를 확인하기 위해 멀리 있는 초신성과 가까이 있는 초신성이 멀어지는 속력을 비교해 보기로 했다.

로렌스 버클리 국립연구소에서는 펄머터가 이끄는 SCP팀이 HZT팀과 마찬가지로 초신성을 조사하여 우주의 팽창 속력의 변화를 알아내기 위한 연구를 시작했다. Ia형 초신성을 이용하여 과거 우주의 팽창 속력을 조사한 두 연구 팀은 오늘날 우주의 팽창 속력이 70억 년 전보다 15%나 빠르다는 것을 알아냈다.

두 연구 팀은 자신들의 연구 결과를 검토하고, 상대방의 자료도 확인했지만 어떤 오류도 찾을 수 없었다. 이 결과는 전체 우주의 물질을 밀어내고 있는 알 수 없는 형태의 에너지가 작용하고 있다는 것을 뜻한다. 알 수 없는 이 에너지는 '암흑 에너지'라고 부른다. 아인슈타인이 자신의 최대 실수라고 했던 우주 상수가 다시 등장한 것이다.

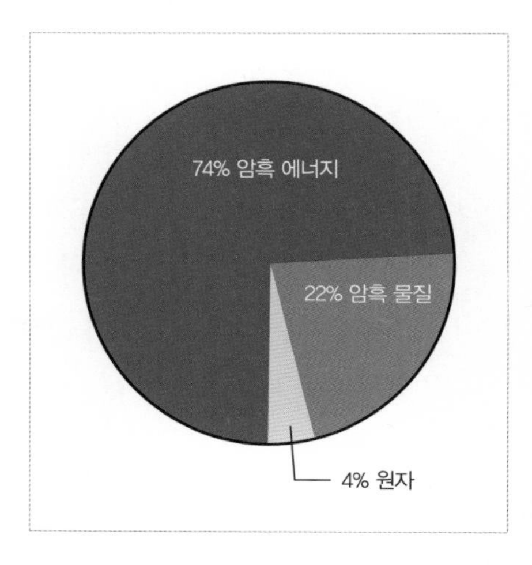

■ ─ 우주의 물질 분포

암흑 에너지가 무엇인지에 대해서는 아직 모르지만 여러 가지 관측을 통해 우주 전체 에너지의 74%를 차지한다는 것을 밝혀졌다. 마이크로파 우주 배경 복사에 대한 관측 결과는 이런 계산 결과와 맞아떨어진다. 나머지 22%는 암흑 물질이며, 4%만이 우리가 알고 있는 보통 물질이다. 4%의 보통 물질 대부분은 우주 공간에 흩어져 있는 성간 물질이다. 따라서 별과 행성, 생명체를 이루는 물질은 우주 전체 물질과 에너지의 1%에 불과하다.

우주의 운명은 어떻게 될까?

천문학과 공상 과학 소설의 차이점은 관측 증거를 바탕으로 하느냐 아니면 작가의 상상에 의존하느냐 하는 것이다. 천문학에서 말하는 여러 가지 설명도 우리 주변에서 일어나는 일과 비교하면 매우 황당하게 들릴 수 있지만 그것이 과학인 것은 관측 증거를 바탕으로 하고 있기 때문이다. 그러나 우주의 미래에 대한 이야기는 많은 가정을 바탕으로 하고 있어서 관측 증거가 충분하지 못하기 때문에 천문학인지 공상 과학 소설인지를 분간하기 어려워 보이는 것이 많다. 그럼에도 불구하고 과학인지 소설인지 분간하기 어려운 이야기로 천문학 이야기를 끝내려는 것은 우주가 앞으로 어떻게 될 것인지는 우리가 가장 궁금하게 생각하는 것 중 하나이기 때문이다.

우주의 미래를 결정하는 것은 우주가 가지고 있는 암흑 물질을 포함한 전체 물질의 양과 암흑 에너지의 양이다. 우주가 팽창을 영원히 지속하는 데 필요한 최소한의 물질을 가지고 있을 때의 밀도를 '임계 밀도'라고 한다. 우주의 밀도가 임계 밀도와 같으면, 우주의 팽창이 점차 느려져 무한대의 시간이 흐른 다음에는 속력이 0이 되겠지만 그때까지 팽창을 멈추지 않을 것이다. 우주의 밀도가 임계 밀도보다 작으면 우주는 팽창을 멈추는 일 없이 영원히 팽창을 계속할 것이다. 그리고 우주의 밀도가 임계 밀도보다 크면 우주는 최대의 크기에 이를 때까지 팽창한 다음 수축을 시작할 것이다.

이 세 가지의 우주를 각각 평평한 우주, 열린 우주, 닫힌 우주라고 부른다. 열린 우주와 평평한 우주는 끝없이 팽창해서 서서히 사라져 버리는 우주이다. 영원한 팽창이 우주의 물질 밀도를 희박하게 만들어 결국에는 텅 빈 공간만 남은, 아무 것도 없는 우주로 만들어 버릴 것이다. 별과 은하는 모두 지평선 너머로 사라져 밤하늘에는 아무 것도 남아 있지 않을 것이다. 그렇게 되면 밤하늘은 말 그대로 칠흑 같이 깜깜할 것이다.

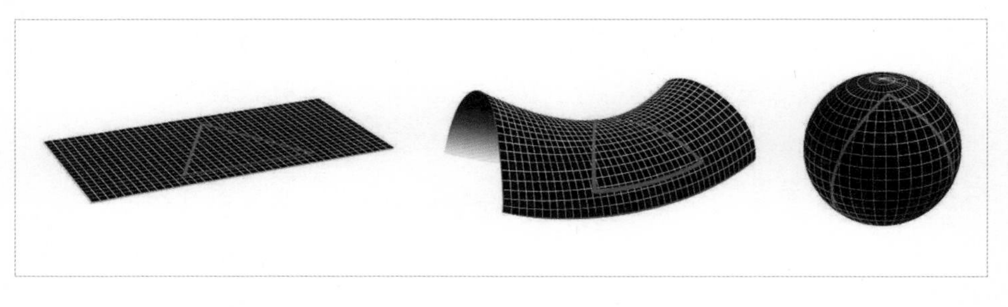

평평한 우주 열린 우주 닫힌 우주

최근의 마이크로파 우주 배경 복사에 대한 관측 결과에 따르면 암흑 에너지와 암흑 물질을 포함한 현재 우주의 평균 밀도가 임계 밀도와 거의 같다. 따라서 우주는 닫힌 우주와 열린 우주의 경계선에 있고, 우주는 영원히 팽창을 계속할 것이다. 그러나 우리는 우주의 미래를 결정할 암흑 에너지에 대해 아직 모르는 것이 많다.

가장 간단한 설명은 암흑 에너지가 우리 우주의 진공 에너지에 의한 것이라는 설명이다. 진공 에너지는 양자 효과에 의한 에너지이다. 이런 설명이 옳다면 우주가 팽창을 계속해도 암흑 에너지의 밀도는 일정하게 유지될 것이다. 우주가 팽창하면 밀도는 작아지는데 진공 에너지의 밀도가 일정하게 유지되면 우주는 더욱 빠르게 팽창할 것이다. 현재까지의 천문 관측 결과는 이런 설명을 뒷받침하는 것처럼 보이지만 결론을 내리기에는 아직 이르다. 암흑 에너지에 대해 더 많은 것을 알 때까지 우주의 미래에 대한 결론을 미루는 것이 좋을 것이다.

암흑 에너지라는 것이 밀도가 일정하게 유지되지 않고 시간에 따라 달라지는, 어떤 종류의 역동적인 에너지일 가능성도 배제할 수 없기 때문이다. 물질을 밀어내는 방향으로 작용하는 암흑 에너지가 만들어 내는 중력이 미래에는 끌어당기는 인력으로 바뀔 가능성도 있다. 그렇게 되면 우주가 영원히 팽창하는 대신 다시 수축을 시작하여 모든 것이 한 점으로 모이는 빅크런치(대수축)로 끝날 수도 있다.

그러나 빅크런치가 일어난다고 해도 앞으로 200억 년 내지 250억 년 내에는 일어나지 않을 것이다. 현재 우주의 나이는 138억 년이고, 우주는 아직도 팽창하고 있다. 빅크런치가 시작되려면 우주가 팽창에서 수축으로 방향이 바뀌어야 하는데 그런 일이 가까운 장래에 일어날 가능성은 없다. 인류가 본격적으로 문명을 발전시키기 시작한 것은 이제 1만 년 정도 된다. 이것은 우주 규모에서 보면 한순간에 지나지 않는다. 빅크런치가 시작될 때쯤에 인류 문명이 어디까지 발전하고 있을는지 알 수 없다. 그때쯤이면 인류가 우주의 팽창 속력을 조정할 수 있을지도 모를 일이다.

인류 문명이 그렇게 오래 존속할 수 없다고 주장하는 사람도 있을 것이다. 인류 문명의 지속을 위협하는 요소는 많다. 인류가 지닌 파괴적인 성향이나 환경 파괴 문제와 같은 인간적인 요소는 감안하지 않더라도 공룡을 멸종시킨 소행성이나 혜성의 충돌도 인류 문명의 존속을 위협한다. 그러나 태양계에서 일어나는 작은 사건들만이 인류 문명의 존속을 위협하는 것은 아니다.

인류 문명이 우주의 종말까지 존재하기 위해서는 지금부터 약 40억 년 후에 있을 우리 은하와 안드로메다 은하의 충돌을 견뎌야 한다. 관측 결과에 의하면 두 은하는 현재 초속 110킬로미터로 가까워지고 있다. 두 은하의 충돌은 두 은하를 크게 뒤흔들어 놓겠지만, 별 사이의 공간이 아주 넓어 별과 별이 실제로 충돌하는 사건은 아주 드물게 일어날 것이다. 별 사이의 공간은 대략 1광년쯤 되는데 비해 태양계의 지름은 0.001광년밖에 안 된다. 따라서 두 은하가 충돌한다고 하여 직접 별과 별이 부딪히는 것이 아니라 먼 거리에서 중력으로 상호 작용을 하여 뒤섞이는 현상이 될 것이다.

따라서 태양계는 큰 영향을 받지 않고 살아남을 가능성이 크다. 그러나 지구에서 보는 밤하늘의 모습은 크게 달라질 것이다. 하지만 은하 사이의 거리가 엄청나기 때문에 모든 것이 서서히 변해 갈 것이다. 수십억 년 동안 지구의 천문학자들이 안드로메다 은하가 얼마나 가까이 다가왔는지를 측정하여 발표하겠지만 사람들은 일상생활에 별 영향을 주지 않는 과학자들의 발표에 별로 관심을 두지 않을 것이다.

그러다가 결국에는 밤하늘에 커다랗게 모습을 드러낸 거대한 나선 은하를 볼 것이다. 날이 갈수록 나선 은하의 모습이 점점 더 커지겠지만 하루하루의 변화를 알아차릴 수는 없다. 안드로메다 은하가 더 가까이 다가오면서 우리 은하의 중력 때문에 안드로메다 은하가 타원에서 길게 늘어나 모습이 변해가는 것을 볼 것이다. 그러는 동안 안드로메다 은하도 우리 은하를 변형시켜 우리가 보는 밤하늘의 별들 배치가 조금씩 달라질 것이다.

우리 은하를 향해 다가오던 안드로메다 은하는 우리 은하를 지나쳐 반대 방향으로 가다가 속력이 느려진 다음, 다시 우리 은하 쪽으로 다가올 것이다. 이렇게 몇 번 다가왔다가 멀어지기를 반복한 다음, 두 은하는 하나의 거대한 은하로 합쳐질 것이다. 이 와중에 두 은하의 중력 작용으로 태양계가 은하 밖으로 튕겨 나갈 가능성도 있지만 커다란 변화 없이 은하 대충돌 과정을 지켜볼 가능성이 더 크다.

안드로메다 은하와의 충돌을 잘 견뎌 낸다고 해도 지금부터 70억 년이나 80억 년 후에는 훨씬 더 심각한 문제에 부딪힐 것이다. 그때가 되면 그동안 인류에게 안정적으로 에너지를 공급해 주던 태양이 적색 거성 단계에 이르러 부풀어 오르기 시작할 것이다. 태양은 초신성 폭발을 할 수 있을 정도로 질량이 크지는 않지만, 일생의 마지막 단계에 이르면 지구를 삼키거나 지구 위의 모든 것을 태울 정도로 부풀어 오르는 적색 거성 단계를 거칠 것이다. 이런 일이 벌어지기 전에 인류가 다른 별 세계에 삶의 터전을 개척하지 못한다면 이 단계에서 인류 문명은 종말을 피할 수 없을 것이다.

■ ─ 두 은하의 충돌로 만들어진 까마귀자리의 더듬이(Antennae) 은하.

태양은 핵에서 헬륨이 탄소로 변하는 새로운 핵융합 반응이 점화될 때까지 적색 거성 상태로 10억 년 이상 더 지탱할 것이다. 새로운 핵융합 반응은 1억 년 동안 계속될 것이고, 그것이 끝난 다음에는 핵을 둘러싸고 있는 다른 층에서 수소와 헬륨의 핵융합 반응이 일어날 것이다. 핵융합 반응이 일어나고 있는 여러 층들 사이의 복잡한 상호 작용 때문에 태양은 커졌다 작아졌다 진동하는 별이 될 것이다. 이러한 진동은 태양의 외곽 층을 우주 공간으로 날려 보낼 때까지 점점 더 커질 것이다. 공간으로 날아간 태양의 잔해들은 중심에 남아 있는 백색 왜성에서 나오는 빛을 받아 밝게 빛나는 행성상 성운을 만들 것이다. 이것은 태양이 일생의 마지막에 벌이는 화려한 우주 쇼가 될 것이다.

인류가 태양이 적색 거성 상태에 이르기 전에 우주 공간에 새로운 삶의 터전을 마련한다면 태양이 사라진 후에도 살아남아 우주의 종말을 지켜볼 수 있을 것이다. 우주가 점점 더 팽창하면서 멀리 있는 은하부터 차례로 하나하나 지평선 너머로 사라지고, 결국에는 밤하늘을 밝히던 별들도 차례대로 빛을 잃을 것이다. 그때가 되면 은하도 별도 없는 캄캄하고 차가운 밤하늘만이 인류가 어렵게 개척한 우주의 보금자리를 감쌀 것이다.

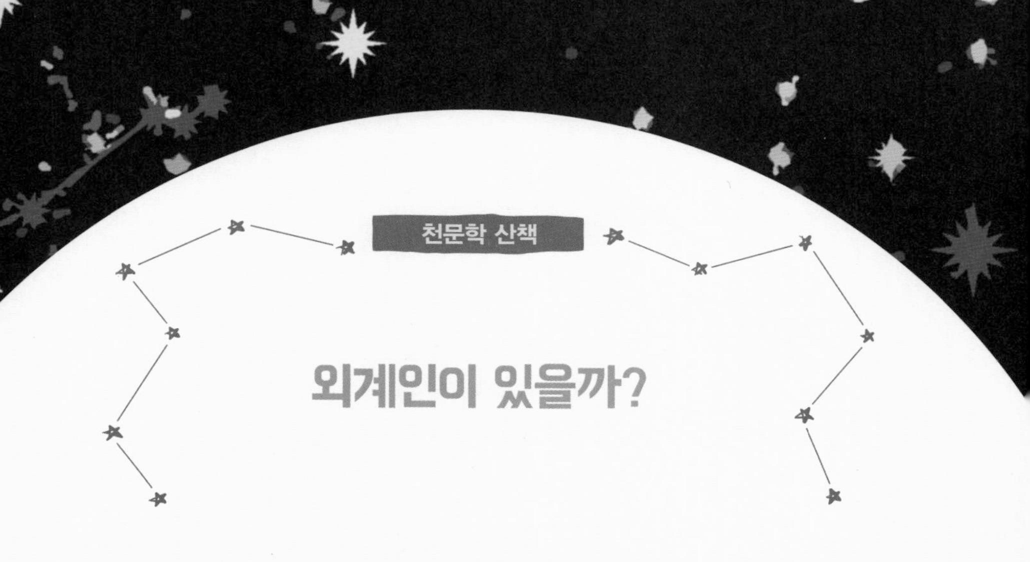

외계인이 있을까?

우주에 우리 말고도 또 다른 지적인 생명체가 있을까? 이것은 인류가 가지고 있는 가장 큰 의문이며, 가장 답을 찾아내기 어려운 문제이다. 100년 전까지만 해도 화성에는 화성인이 살고, 금성에는 금성인이 살고 있을 것이라고 믿는 사람이 많았다. 화성인들이 물 부족을 극복하기 위해 운하를 건설하고 있다고 주장하는 천문학자도 있었다. 그러나 태양계를 여러 가지 방법으로 조사한 과학자들은 화성과 금성은 물론 태양계에 고등 생명체가 없다는 것을 확인했다.

아직 화성의 지하나 목성의 위성인 유로파, 토성의 위성인 타이탄에서 미생물을 발견할 가능성을 배제할 수는 없다. 그러나 우리와 우주의 미래에 대하여 토론할 외계인을 만나고 싶다면 다른 별로 시선을 돌려야 한다. 그러나 별까지의 거리는 행성까지 거리와는 비교할 수 없을 정도로 멀다. 따라서 우리가 직접 다른 별까지 가거나 그곳에 사는 외계인들이 우리를 방문해 주기를 기대하는 것은 무리이다.

UFO가 외계인들이 타고 온 우주선이라고 믿는 사람도 많지만 우리가 아는 과학이 옳다면 그것은 가능성이 극히 낮은 일이다. 수천 년, 또는 수만 년이나 여행해서 지구에 도착한 외계인들이 지금까지 지구에서 한 일이 사진을 찍히고 도망가거나 밀밭에 그림을 그려 놓고 사라진 일이 전부라는 것은 믿을 수 없다. 아직 우리는 UFO가 외계인이 타고 온 우주선이라는 확실한 과학적 증거를 찾아내지 못했다.

그렇다면 이제 남은 것은 우주에서 가장 빠른 전자기파를 이용하여 외계인과 접촉하는 일이다. 여기에는 두 가지 방법이 있다. 하나는 우리가 신호를 보내고 답을 기다리는 방법이고, 하나는 외계인이 보내오는 신호를 포착하는 방법이다. 우리는 지금까지 몇 번 오랜된 별들이 밀집해 있는 성단을 향해 전자기파 신호를 보냈다. 그러나 이 성단까지의 거리가 대략 수만 광년이므로 답을 받기까지는 몇 만 년을 기다려야 한다.

남은 방법은 외계인이 보내오는 신호를 찾아내는 것이다. 외계인의 전파 신호는 두 가지가 있을 수 있다. 하나는 의도적으로 우리를 향해 보내는 신호이고, 다른 하나는 그들의 방송이나 통신을 엿듣는 것이다. 과학자들은 두 가지 가능성을 열어 놓고 외계에서 오는 전파 신호를 수신하고 있지만 아직 외계인의 것이라고 볼 수 있는 신호를 찾아내지 못했다.

이제 남은 방법은 우주에 대한 우리의 지식을 총동원하여 외계인이 존재할 가능성을 계산해 보는 것이다. 그러나 그런 계산을 통해 의미 있는 답을 얻기에는 아직 우주에 대해 모르는 것이 너무 많다. 확실한 것은 우리가 잘 알고 있는 하나의 별 세계인 태양계에 우리가 존재하고 있다는 사실이다. 이 사실을 바탕으로 우리 은하를 이루는 나머지 수천억 개의 별 세계에 외계인이 존재할 가능성을 추정한다면 어떤 결론을 내리는 것이 합리적일까? 우리가 생각보다 외로운 존재일 수도 있지만 우리와 우주의 미래를 의논할 이웃이 생각보다 많을 가능성이 더 크지 않을까?

■ – 아레시보 천문대의 전파 망원경(직경 305미터)

■ – 중국의 FAST 전파 망원경(직경 500미터)

사진 및 도판 제공

35쪽 뉴턴의 사과나무 영국 위키피디아/Bcartolo

63쪽 윌리엄 허셜과 캐롤라인 허셜 Welcome Collection

64쪽 허셜이 발견한 나선 은하 NASA/ESA Hubble & NASA

93쪽 고물자리 RS별 위키피디아/ESA/Hubble & NASA

109쪽 플레이아데스 성단 위키피디아/NASA

128쪽 개기 일식 위키피디아/LucViatour

134쪽 울진 원자력 발전소 위키피디아/울진 원자력 발전소

135쪽 포항 방사광 가속기 포항공과대학교

168쪽 국제 우주 정거장 위키피디아/NASA

207쪽 펜지어스 안테나 위키피디아/NASA

210쪽 우주 배경 복사 위키피디아/NASA WMAP

221쪽 베라 루빈 위키피디아/NASA

225쪽 은하 LRG3-757 위키피디아/ESA/Hubble & NASA

235쪽 까마귀자리의 더듬이 은하 위키피디아/ESA/Hubble & NASA